蔡元培編

中國倫理學史

商務印書館發行

近代名家首版著作導讀叢書

中國倫理學史 導讀

蔡元培 编

上海科学技术文献出版社
Shanghai Scientific and Technological Literature Press

图书在版编目(CIP)数据

《中国伦理学史》导读／蔡元培编. —上海：上海科学技术文献出版社，2020
（近代名家首版著作导读丛书）
ISBN 978－7－5439－8047－1

Ⅰ.①中…　Ⅱ.①蔡…　Ⅲ.①伦理学史—中国
Ⅳ.①B82－092

中国版本图书馆 CIP 数据核字(2020)第 016513 号

组稿编辑：张　树
责任编辑：苏密娅

《中国伦理学史》导读

蔡元培　编

*

上海科学技术文献出版社出版发行
（上海市长乐路 746 号　邮政编码 200040）
全 国 新 华 书 店 经 销
四川省南方印务有限公司印刷

*

开本 880×1230　1/32　印张 7　字数 140 000
2020 年 5 月第 1 版　2020 年 5 月第 1 次印刷
ISBN 978－7－5439－8047－1
定价：98.00 元
http：//www.sstlp.com

导　读

蔡元培(1868—1940),字鹤卿,又字仲申、民友、孑民,乳名阿培,并曾化名蔡振、周子余。浙江绍兴人,原籍浙江诸暨。革命家、教育家、政治家。

《中国伦理学史》是近代中国第一部伦理学史专著,是一部系统整理和研究中国古代伦理思想发生、发展及其变迁的学术著作,阐述了从孔子到王阳明28位思想家的伦理思想,阐述了各家学说的要点、源流及发展。附录中列叙了戴震、黄宗羲、俞正燮三人的道德学说。全书分绪论、先秦创始时代、汉唐继承时代、宋明理学时代,共四大部分33章。

在中国近世学术史上,《中国伦理学史》之所以具有标志意义,写作《中国伦理学史》,于蔡元培而言,是一项十分自觉的选择。在他看来,“苟无学术史,则凡前人之知,无以为后学之凭借,以益求进步”。具体到伦理学界,“迩际伦理界怀疑时代之托始,异方学说之分道而输入者,如盘如烛,几有互相冲突之势”。蔡元培担心“苟不得吾族固有之思想系统以相为恒准,则益将彷徨于歧路”(蔡元培《中国伦理学史·序例》)。于是,他在莱比锡大学的课余时间便开始写作《中国伦理学史》。而在德国对西方学说的系统研习,加之其本有的中国传统文化修养,使得蔡元培在看待中国伦理问题时的眼界较之此前一个时期的“道德革命”论述可以更上层楼。

蔡元培編

中國倫理學史

商務印書館發行

中國倫理學史序例

學無涯也．而人之知有涯．積無量數之有涯者．以與彼無涯者相逐．而後此有涯者亦庶幾與之爲無涯．此卽學術界不能不有學術史之原理也．苟無學術史．則凡前人之知．無以爲後學之憑藉．以益求進步．而後學所窮力盡氣以求得之者．或卽前人之所得焉．或卽前人之所已得而復捨者焉．不惟此也．前人求知之法．亦無以資後學之考鑑．以益求精密．而後學所窮力盡氣以相求者．猶是前人粗簡之法焉．或轉卽前人業已嬗蛻之法焉．故學術史甚重要．一切現象．無不隨時代而有遷流．有孳乳．而精神界之現象．遷流之速．孳乳之繁．尤不知若干倍蓰於自然界．而吾人所憑藉以爲知者．又不能有外於此遷流孳乳之系統．故精神科學史尤重要．吾國夙重倫理學．而至今顧尚無倫理學史．邇際倫理界懷疑時代之託始．異方學說之分道而輸入者．如槃如燭．幾有互相衝突之勢．苟不得吾族固有之思想系統以相爲衡準．則益將旁皇於歧路．蓋此事之亟如此．而當世宏達．似皆未遑暇及．用不自量．於學課之隙．綴述是編．以爲大輅之椎輪．涉學既淺．參考之書又寡．疏漏牴牾．不知凡幾．幸讀者有以正之。又是編輯述之旨．略具於緒論及各結論．尚有三例．不可不爲讀者預告．

（一）是編所以資學堂中倫理科之參考．故至約至簡．凡於倫理學界非重要之流派．及有特別之學說者．均未及敘述．

（二）讀古人之書．不可不知其人．論其世．我國倫理學者．多實踐家．尤當觀其行事．顧是編限於篇幅．各家小傳．所敘至略．讀者可於諸史或學案中檢其本傳參觀之．

（三）史例以稱名爲正。顧先秦學者之稱子。宋明諸儒之稱號。已成慣例。故是編亦仍之而不改。決非有抑揚之義寓乎其間。

庚戌三月十六日編者識

中國倫理學史目錄

中國倫理學史

緒論

倫理學與修身書之別　修身書。示人以實行道德之規範者也。民族之道德本於其特具之性質。固有之條教。而成爲習慣。雖有時亦爲新學殊俗所轉移。而非得主持風化者之承認。或多數人之信用。則不能驟入於修身書之中。此修身書之範圍也。倫理學則不然。以研究學理爲的。各民族之特性及條教。皆爲研究之資料。參伍而貫通之。以歸納於最高之觀念。乃復由是而演繹之以爲種種之科條。其於一時之利害。多數人之向背。皆不必顧。蓋倫理學者。知識之徑塗。而修身書者。則行爲之標準也。持修身書之見解以治倫理學。常足爲學識進步之障礙。故不可不區別之。

倫理學史與倫理學根本觀念之別　倫理學以倫理之科條爲綱。倫理學史以倫理學家之派別爲敍。其體例之不同。不待言矣。而其根本觀念。亦有主觀客觀之別。倫理學者。主觀也。所以發明一家之主義者也。各家學說。有與其主義不合者。或駁詰之。或棄置之。倫理學史者。客觀也。在抉發各家學說之要點。而推暨其源流。證明其迭相乘除之迹象。各家學說與作者主義有違合之點。雖可參以評判。而不可以意取去。漂沒其眞相。此則倫理學史根本觀念之異於倫理學者也。

我國之倫理學　我國以儒家爲倫理學之大宗。而儒家則一切精神界科學。悉以倫理爲範圍。哲學心理學。本與倫理有密切之關係。我國學者僅以是爲倫理學之前提。其他曰爲政以德。曰孝治天下。是政治學範圍於倫理也。曰國民修其孝弟忠信。可使制梃以撻堅甲利兵。是軍學範圍於倫理也。攻擊異教。恆以無父無君爲辭。是宗教學範圍於倫理也。評定詩古文辭。恆以載道述德眷懷君父爲優點。是美學亦範圍於倫理也。我國倫理學之範圍。其廣如此。則倫理學宜若爲我國惟一發達之學術矣。然以範圍太廣。而我國倫理學者之著述。多雜糅他科學說。其尤甚者爲哲學及政治學。欲得一純粹倫理學之著作。殆不可得。此爲述倫理學史者之第一畏途矣。

我國倫理學說之沿革　我國倫理學說。發軔於周季。其時儒墨道法。衆家並興。及漢武帝罷黜百家。獨尊儒術。而儒家言始爲我國惟一之倫理學。魏晉以還。佛教輸入。哲學界頗受其影響。而不足以震撼倫理學。近二十年間。斯賓塞爾之進化功利論。盧騷之天賦人權論。尼采之主人道德論。輸入我國學界。青年社會。以新奇之嗜好歡迎之。頗若有新舊學說互相衝突之狀態。然此等學說。不特深研而發揮之者尚無其人。卽斯盧諸氏之著作。亦尚未有完全迻譯者。所謂新舊衝突云云。僅爲倫理界至小之變象。而於倫理學說無與也。

我國之倫理學史　我國旣未有純粹之倫理學。因而無純粹之倫理學史。各史所載之儒林傳道學傳。及孤行之宋元學案明儒學案等。皆哲學史而非倫理學史也。日本木村鷹太郎氏。述東洋倫理學史。（其全書名東西洋倫理學史。茲僅就其東洋一部分言之。）始以西洋學術史之規則。總理吾國倫理學說。創通大義。甚裨學子。而其間頗有依據僞書之失。其批評亦間失之武斷。其後又有久保得二氏。述東洋倫理史要。則考證較詳。評斷較愼。而其間尚有蹈木村氏之覆轍者。木村氏之言曰。西洋倫理學史。西洋學者。名著甚多。因而爲之。其事不難。東洋倫理學史。則昔所未有。若博讀東洋學說而未諗西洋哲學科學之律貫。或僅治西洋倫理學而未通東方學派者。皆不足以勝創始之任。諒哉言也。鄙人於東西倫理學。所涉均淺。而勉承茲乏。則以木村久保二氏之作爲本。而於所不安。則以記憶所及。參考所得。刪補而訂正之。恐疏略謬誤。所在多有。幸讀者注意焉。

第一期　先秦創始時代

第一章　總論

倫理學說之起原　倫理界之通例。非先有學說以爲實行道德之標準。實倫理之現象。早流行於社會。而後有學者觀察之。研究之。組織之。以成爲學說也。在我國唐虞三代間。實踐之道德。漸歸納爲理想。雖未成學理之體制。而後世種種學說。濫觴於是矣。其時理想。吾人得於易書詩三經求之。書爲政事史。由意志方面。而陳述道德之理想者也。易爲宇宙論。由知識方面而本天道以定人事之範圍。詩爲抒情體。由感情方面。而揭教訓之趣旨者也。三者皆考察倫理之資也。

我國古代文化。至周而極盛。往昔積漸萌生之理想。及是時則由渾而畫。由曖昧而辨哲。循此時代之趨勢。而集其理想之大成以爲學說者。孔子也。是爲儒家。言足以代表吾民族之根本理想者也。其他學者。各因其地理之影響。歷史之感化。而有得於古昔積漸萌生各理想之一方面。則亦發揮之而成種種之學說。

各家學說之消長　種種學說並興。皆以其有爲不可加。而思以易天下。相競相攻。而思想界遂演爲空前絕後之偉觀。蓋其時自儒家以外。成一家言者有八。而其中道墨名法。皆以倫理學說占其重要之部分者也。秦幷天下。尚法家。漢興。頗尚道家。及武帝從董仲舒之說。循民族固有之理想而尊儒術。而諸家之說熸矣。

第二章　唐虞三代倫理思想之萌芽

倫理思想之基本　我國人文之根據於心理者。爲祭天之故習。而倫理思想。則由家長制度而發展。一以貫之。而敬天畏命之觀念。由是立焉。

天之觀念　五千年前。吾族由西方來。居黃河之濱。築室力田。與冷酷之氣候相競。日不暇給。沐雨露之惠。懍水旱之災。則求其源於蒼蒼之天。而以爲是卽至高無上之神靈。監吾民而賞罰之者也。及演進而爲抽象之觀念。則不視爲具有人格之神靈。而竟認爲溥博自然之公理。於是揭其起伏有常之諸現象。以爲人類行爲之標準。以爲苟知天理。則一切人事。皆可由是而類推。此則由崇拜自然之宗教心。而推演爲宇宙論者也。

天之公理　古人之宇宙論有二。一以動力說明之。而爲陰陽二氣說。一以物質說明之。而爲五行說。二說以漸變遷。而皆以宇宙之進動爲對象。前者由兩儀而演爲四象。由四象而演爲八卦。假定八者爲原始之物象。以一切現象。皆爲彼等互動之結果。因以確立現象變化之大法。而應用於人事。後者以五行爲成立世界之原質。有相生相克之性質。而世界各種現象。卽於其性質同異間。有因果相關之作用。故可以由此推彼。而未來之現象。亦得而豫察之。兩者立論之基本。雖有徑庭。而於天理人事同一法則之根本義。則若合符節。蓋於天之主體。初未嘗極深研幾。而卽以假定之觀念。推演之。以應用於實際之事象。此吾國古人之言天。所以不同於西方宗教家。而特爲倫理學最高觀念之代表也。

天之信仰　天有顯道。故人類有法天之義務。是爲不容辨證之信仰。卽所謂順帝之則者也。此等信仰。經歷世遺傳。而浸浸成爲天性。如尙書中君臣交警之辭。動必及天。非徒辭令之習慣。實亦於無意識中表露其先天之觀念也。

天之權威　古人之觀天也。以爲有何等權威乎。易曰。剛柔相摩。鼓之以雷霆。潤之以風雨。日月運行。一寒一暑。乾道成男。坤道成女。乾知大始。坤作成物。謂天之於萬物。發之收之。整理之調攝之。皆非無意識之動作。而密合於道德。觀其利益人類之厚而可知也。人類利用厚生之道。悉本於天。故不可不畏天命而順天道。畏之順之。則天錫之福。如風雨以時。年穀順成。而餘慶且及於子孫。其有侮天而違天者。天則現種種災異。如日月告凶。陵谷變遷之類。以警戒之。猶不悔。則罰之。此皆天之性質之一斑見於詩書者也。

天道之秩序　天之本質爲道德。而其見於事物也。爲秩序。故天神之下。有地祇。又有日月星辰山川林澤之神。降而至於貓虎之屬。皆統攝於上帝。是爲人間秩序之模範。易曰。天尊地卑。乾坤定矣。卑高以陳。貴賤位矣。此其義也。以天道之秩序。而應用於人類之社會。則凡不合秩序者。皆不得爲道德。易又曰。有天地然後有萬物。有萬物然後有男女。有男女然後有夫婦。有夫婦然後有父子。有父子然後有君臣。有君臣然後有上下。有上下然後禮義有所錯。言循自然發展之迹而知秩序之當重也。重秩序。故道德界惟一之作用爲中。中者。隨時地之關係。而適處於無過不及之地者也。是爲道德之根本。而所以助成此主義者。家長制度也。

家長制度　吾族於建國以前。實先以家長制度。組織社會。漸發展而爲三代之封建。而所謂宗法者。周之世猶盛行之。其後雖又變封建而爲郡縣。而家長制度之精神。則終古不變。家長制度者。實行尊重秩序之道。自家庭始。而推暨之以及於一切社會也。一家之中。父爲家長。而兄弟姊妹又以長幼之序別之。以是而推之於宗族。若鄉黨。以及國家。君爲民之父。臣民爲君之子。諸臣之間。大小相維。猶兄弟也。名位不同。而各有適於其時地之道德。是謂中。

古先聖王之言動　三代以前。聖者輩出。爲後人模範。其時雖未諳科學規則。且亦鮮有抽象之思想。未足以成立學說。而要不能不視爲學說之萌芽。太古之事邈矣。伏羲作易。黃帝以道家之祖名。而考其事實。自發明利用厚生諸述外。可信據者蓋寡。後世言道德者多道堯舜。其次則禹湯文武周公。其言動頗著於尙書。可得而研討焉。

堯　書曰。堯克明峻德。以親九族。九族平章百姓。百姓協和萬邦。黎民於變時雍。先修其身而以漸推之於九族。而百姓。而萬邦。而黎民。其重秩位如此。而其修身之道。則爲中。其禪舜也。誡之曰。允執其中是也。是蓋由種種經驗而歸納以得之者。實爲當日道德界之一大發明。而其所取法者則在天。故孔子曰。巍巍乎惟天爲大。惟堯則之。蕩蕩乎民無能名也。

舜　至於舜。則又以中之抽象名稱。適用於心性之狀態。而更求其切實。其命夔教冑子曰。直而溫。寬而栗。剛而無虐。簡而無傲。言涵養心性之法不外乎中也。其於社會道德則明著愛有差等之義。命契曰。百姓不親。五品不遜。汝爲司徒。敬敷五教在寬。五品五教。皆謂於社會間因其倫理關係之類別而有特別之道德也。是謂五倫之教。所謂父子有親。君臣有義。夫婦有別。長幼有序。朋友有信是也。其實不外乎執中。惟各因其關係之不同。而別著其德之名耳。由是而知中之爲德。有內外兩方面之作用。內以修己。外以及人。爲社會道德至當之標準。蓋至舜而吾民族固有之倫理思想。已有基礎矣。

禹　禹治水有大功。克勤克儉。而又能敬天。孔子所謂禹吾無間然。菲飲食而致孝乎鬼神。惡衣服而致美乎黻冕。卑宮室而盡力乎溝洫是也。其倫理觀念。見於箕子所述之洪範。雖所言天錫疇範。迹近迂怪。然承堯舜之後。而發展倫理思想。如洪範所云。殆無可疑也。洪範所言九疇。論道德及政治之關係。進而及於天人之交涉。其有關於人類道德者。五事。三德。五福。六極。諸疇也。分人類之普通行動爲貌言視聽思五事。以規則制限之。貌恭爲肅。言從爲乂。視明爲哲。聽聰爲謀。思睿爲聖。一本執中之義。而科別較詳。其言三德。曰正直。曰剛克。曰柔克。而五福。曰壽。曰富。曰康寧。曰攸好德。曰考終命。六極。曰凶短折。曰疾。曰憂。曰貧。曰惡。曰弱。蓋謂神人有感應之理。則天之賞罰。所不得免。而因以確定人類未來之理想也。

皋陶　皋陶敎禹以九德之目。曰。寬而栗。柔而立。愿而恭。亂而敬。擾而毅。直而溫。簡而廉。剛而塞。彊而義。與舜之所以命夔者相類。而條目較詳。其言天聰明自我民聰明。天明威自我民明威。則天人交感民意所向。卽天理所在。亦足以證明洪範之說也。

商周之革命　夏殷周之間。倫理界之變象。莫大於湯武之革命。其事雖與尊崇秩序之習慣。若不甚合。然古人號君曰天子。本有以天統君之義。而天之聰明明威。皆託於民。卽武王所謂天視自我民視天聽自我民聽者也。故獲罪於民者。卽獲罪於天。湯武之革命。謂之順乎天而應乎民。與古昔倫理。君臣有義之教。不相背也。

三代之教育　商周二代。聖君賢相輩出。然其言論之有關於倫理學者。殊不概見。其間如伊尹者。孟子稱其非義非道一介不取與。且自任以天下之重。周公制禮作樂。爲周代文化之元勳。然其言論之幾於學理者。亦未有聞焉。大抵商人之道德。可以墨家代表之。周人之道德。可以儒家代表之。而三代倫理之主義。於當時教育之制。有可推見。孟子稱夏有校。殷有序。周有庠。而學則三代共之。管子有弟子職篇。記洒掃應對進退之教。周官司徒。稱以鄉三物教萬民。一曰六德。知。仁。聖。義。中。和。二曰六行。孝。友。睦。姻。任。恤。三曰六藝．禮．樂．射．御．書．數．是爲普通教育．其高等教育之主義．則見於禮記之大學篇．其言曰．大學之道．在明明德．在親民．在止於至善．古之欲明明德於天下者．必先治其國．欲治其國者先齊其家．欲齊其家者先修其身．欲修其身者先正其心．欲正其心者先誠其意．欲誠其意者先致其知．致知在格物．自天子以至於庶人．壹是皆以修身爲本．循天下國家疏近之序．而歸本於修身．又以正心誠意致知格物爲修身之方法．固已見學理之端緒矣．蓋自唐虞以來．積無量數之經驗．以至周代．而主義始以確立．儒家言由是啓焉．

第三章　孔子

（一）儒家

小傳　孔子名丘．字仲尼．以周靈王二十一年生於魯昌平鄉陬邑．孔氏系出於殷．而魯爲周公之後．禮文最富．故孔子具殷人質實豪健之性質．而又集歷代禮樂文章之大成。孔子嘗以其道遍干歷國諸侯而不見用。晚年。乃刪詩書。定禮樂。贊易象。修春秋。以授弟子。弟子凡三千人。其中身通六藝者七十人。孔子年七十三而卒。爲儒家之祖。

孔子之道德　孔子稟上智之資。而又好學不厭。無常師。集唐虞三代積漸進化之思想。而陶鑄之。以爲新理想。堯舜者。孔子所假以代表其理想而爲模範之人物者也。其實行道德之勇。亦非常人所及。一言一動。無不準於禮法。樂天知命。雖屢際困厄。不怨天。不尤人。其教育弟子也。循循然善誘人。曾點言志曰。與冠者童子。浴乎沂。風乎舞雩。詠而歸。則喟然與之。蓋標舉中庸之主義。約以身作則者也。其學說雖未爲成立統系之組織。而散見於言論者。得尋繹而條舉之。

性　孔子勸學而不尊性。故曰。性相近也。習相遠也。惟上知與下愚不移。又曰。生而知之者。上也。學而知之者。次也。困而學之。又其次也。困而不學。民斯爲下。言普通之人。皆可以學而知之也。其於性之爲善爲惡。未及質言。而嘗曰。人之生也直。罔之生也幸而免。又讀詩至天生蒸民有物有則民之秉彝。好是懿德。則歎爲知道。是已有偏於性善說之傾向矣。

仁　孔子理想中之完人。謂之聖人。聖人之道德。自其德之方面言之曰仁。自其行之方面言之曰孝。自其方法之方面言之曰忠恕。孔子嘗曰。仁者愛人。知者知人。又曰。知者不惑。仁者不憂。勇者不懼。此分心意爲知識感情意志三方面。而以知仁勇名其德者。而平日所言之仁。則卽以爲統攝諸德完成人格之名。故其爲諸弟子言者。因人而異。又或對同一之人。而因時而異。或言修己。或言治人。或糾其所短。要不外乎引之於全德而已。孔子嘗曰。仁遠乎哉。我欲仁。斯仁至矣。又稱顏回三月不違仁。其餘日月至焉。則固以仁爲最高之人格。而又人人時時。有可以到達之機緣矣。

孝　人之令德爲仁。仁之基本爲愛。愛之原泉在親子之間。而尤以愛親之情之發於孩提者爲最早。故孔子以孝統攝諸行。言其常曰養曰敬曰諭父母於道。於其沒也。曰善繼志述事。言其變曰幾諫。於其沒也曰幹蠱。夫至以繼志述事爲孝。則一切修身齊家治國平天下之事。皆得統攝於其中矣。故曰孝者始於事親。中於事君。終於立身。是亦由家長制度而演成倫理學說之一證也。

忠恕　孔子謂曾子曰，吾道一以貫之。曾子釋之曰。夫子之道。忠恕而已矣。此非曾子一人之私言也。子貢問有一言而可以終身行之者乎。孔子曰。其恕乎。禮記中庸篇。引孔子之言曰。忠恕違道不遠。皆其證也。孔子之言忠恕。有消極積極兩方面。施諸己而不願。亦勿施於人。此消極之忠恕。揭以嚴格之命令者也。仁者己欲立而立人。己欲達而達人。此積極之忠恕。行以自由之理想者也。

學問　忠恕者。以己之好惡律人者也。而人人好惡之節度。不必盡同。於是知識尚矣。孔子曰。學而不思則罔。思而不學則殆。又曰。好仁不好學。其蔽也愚。好知不好學。其蔽也蕩。好信不好學。其蔽也賊。好直不好學。其蔽也絞。好勇不好學。其蔽也亂。好剛不好學。其蔽也狂。言學問之亟也。

涵養　人常有知及之。而行之則或過或不及。不能適得其中者。其毗剛毗柔之氣質爲之也。孔子於是以詩與禮樂爲涵養心性之學。嘗曰。興於詩。立於禮。成於樂。曰。詩可以興。可以觀。可以羣。可以怨。曰。若臧武仲之知。公綽之不欲。卞莊子之勇。冉求之藝。文之以禮樂。可以爲成人矣。其於禮樂也。在領其精神。而非必拘其儀式。故曰。禮云禮云。玉帛云乎哉。樂云樂云。鐘鼓云乎哉。

君子　孔子所舉。以爲實行種種道德之模範者。恆謂之君子。或謂之士。曰。君子有三畏。畏天命。畏大人。畏聖人之言。曰。君子有三戒。少之時。血氣未定。戒之在色。及其壯也。血氣方剛。戒之在鬬。及其老也。血氣既衰。戒之在得。曰。君子有九思。視思明。聽思聰。色思溫。貌思恭。言思忠。事思敬。疑思問。忿思難。見得思義。曰。文質彬彬。然後君子。曰。君子訥於言而敏於行。曰。君子疾沒世而名不稱。曰。士行己有恥。使於四方。不辱君命。其次。宗族稱孝。鄉黨稱弟。其次。言必信。行必果。曰。志士仁人。無求生以害仁。有殺身以成仁。其所言多與舜禹皐陶之言相出入。而條理較詳。要其標準。則不外古昔相傳執中之義焉。

政治與道德　孔子之言政治。亦以道德爲根本。曰。爲政以德。曰。道之以德。

齊之以禮。民有恥而且格。季康子問政。孔子曰。政者。正也。子率以正。孰敢不正。亦唐虞以來相傳之古義也。

第四章　子思

小傳　自孔子沒後。儒分為八。而其最大者。為曾子子夏兩派。曾子尊德性。其後有子思及孟子。子夏治文學。其後有荀子。子思名伋。孔子之孫也。學於曾子。嘗游歷諸國。困於宋。作中庸。晚年。為魯繆公之師。

中庸　漢書稱子思二十三篇。而傳於世者。惟中庸。中庸者。卽唐虞以來執中之主義。庸者。用也。蓋兼其作用而言之。其語亦本於孔子。所謂君子中庸。小人反中庸者也。中庸一篇。大抵本孔子實行道德之訓。而以哲理疏解之。以求道德之起原。蓋儒家言。至是而漸趨於究研學理之傾向矣。

率性　子思以道德為原於性。曰天命之為性。率性之為道。修德之為教。言人類之性。本於天命。具有道德之法則。循性而行之。是爲道德。是已有性善說之傾向。爲孟子所自出也。率性之効。是謂中庸。而實行中庸之道。甚非易易。賢者過之。不肖者不及也。子思本孔子之訓。而以忠恕爲致力之法。曰。忠恕違道不遠。施諸己而不願。亦勿施於人。曰。所求乎子。以事父。所求乎臣。以事君。所求乎弟。以事兄。所求乎朋友。先施之。此其以學理示中庸之範疇者也。

誠　子思以率性爲道。而以誠爲性之實體。曰。自誠明謂之性。自明誠謂之教。又以誠爲宇宙之主動力。故曰。誠者自成也。道者自道也。誠者物之終始。不誠無物。誠者。非自成己而已也。所以成物也。成己仁也。成物智也。性之德也。合外內之道也。故時措之宜也。是子思之所謂誠。卽孔子之所謂仁。惟欲幷仁之作用而著之。故名之以誠。又擴充其義。以爲宇宙問題之解釋。至誠則能盡性。合內外之道。調和物我。而達於天人契合之聖境。歷劫不滅。而與天地參。雖渺然一人。而得有宇宙之價值也。於是宇宙間因果相循之迹。可以豫計。故曰至誠之道。可以前知。國家將興。必有禎祥。國家將亡。必有妖孽。見乎蓍龜。動乎四體。禍福將至。善必先知之。不善。必先知之。故至誠如神。言誠者含有神祕之智力也。然此惟生知之聖人能之。而非人人所可及也。然則人之求達於至誠也。將奈何。子思勉之以學。曰誠者天之道也。誠之者人之道也。誠者不勉而中。不思而得。從容中道。聖人也。誠之者。擇善而固執之者也。博學之。審問之。愼思之。明辨之。篤行之。弗能弗措。人一能之。己百之。人十能之。己千之。雖愚必明。雖柔必強。言以學問之力。認識何者爲誠。而又以確固之步趨幾及之。固非以無意識之任性而行爲率性矣。

結論　子思以誠爲宇宙之本。而人性亦不外乎此。又極論由明而誠之道。

蓋擴張往昔之思想。而爲宇宙論。且有秩然之統系矣。惟於善惡之何以差別。及惡之起原。未遑研究。斯則有待於後賢者也。

第五章　孟子

孔子沒百餘年。周室愈衰。諸侯互相幷呑。尙權謀。儒術浸失其傳。是時崛起鄒魯。排衆論而延周孔之緒者。爲孟子。

小傳　孟子名軻。幼受賢母之敎。及長。受業於子思之門人。學成。欲以王道干諸侯。歷游齊梁宋滕諸國。晚年。知道不行。乃與弟子樂正克公孫丑萬章等。記其游說諸侯及與諸弟子問答之語。爲孟子七篇。以周赧王三十三年卒。

創見　孟子者。承孔子之後。而能爲北方思想之繼承者也。其於先聖學說益推闡之。以應世用。而亦有幾許創見。(一)承子思性說而確言性善。(二)

循仁之本義而配之以義。以爲實行道德之作用。(三)以養氣之說論究仁義之極致及効力發前人所未發。(四)本仁義而言王道以明經國之大法。

性善說　性善之說。爲孟子倫理思想之精髓。蓋子思既以誠爲性之本體。而孟子更進而確定之謂之善。以爲誠則未有不善也。其辨證有消極積極二種。消極之辨證。多對告子而發。告子之意。性惟有可善之能力。而本體無所謂善不善。故曰。生之爲性。曰。以人性爲仁義。猶以杞柳爲桮棬。曰。人性之無分於善不善也。猶水之無分於東西也。孟子對於其第一說。則詰之曰。然則犬之性猶牛之性。牛之性猶人之性與。蓋謂犬牛之性不必善。而人性獨善也。對於其第二說。則曰。戕賊杞柳而後可以爲桮棬。然則亦將戕賊人以爲仁義與言人性不待矯揉而爲仁義也。對於第三說。則曰。水信無分於東西。無分於上下乎。今夫水。搏而躍之。可使過顙。激而行之。可使在山。是豈水之性也哉。人之爲不善。亦猶是也。水無有不下。人無有不善。則兼明人性雖善而可以使爲不善之義。較前二說爲備。雖然。是皆對於告子之說。而以論理之形式。强攻其設喻之不當。於性善之證據。未之及也。孟子則別有積以經驗之心理。歸納而得之。曰人皆有不忍人之心。今人乍見孺子。將入於井。皆有怵惕惻隱之心。非所以內交於孺子之父母也。非所以要譽於鄉黨朋友也。非惡其聲而然也。惻隱之心。人皆有之。仁之端也。羞惡之心。人皆有之。義之端也。辭讓之心。人皆有之。禮之端也。是非之心。人皆有之。智之端也。言仁義禮智之端。皆具於性。故性無不善也。雖然。孟子之所謂經驗者如此而已。然則循其例而求之。卽諸惡之端。亦未必無起原於性之證據也。

欲　孟子既立性善說。則於人類所以有惡之故。不可不有以解之。孟子則謂惡者非人性自然之作用。而實不盡其性之結果。山徑不用。則茅塞之。山木常伐。則濯濯然。人性之障蔽而梏亡也。亦若是。是皆欲之咎也。故曰。養心莫善於寡欲。其爲人也寡欲。雖有不存焉者寡矣。其爲人也多欲。雖有存焉者寡矣。孟子之意。殆以欲爲善之消極。而初非有獨立之價值。然於其起原。一無所論究。亦其學說之缺點也。

義　性善。故以仁爲本質。而道德之法則。卽具於其中。所以知其法則而使人行之各得其宜者。是爲義。無義則不能行仁。卽偶行之。而亦爲意識之動作。故曰。仁人心也。義人路也。於是吾人之修身。亦有積極消極兩作用。積極者。發揮其性所固有之善也。消極者。求其放心也。

浩然之氣　發揮其性所固有之善將奈何。孟子曰。在養浩然之氣。浩然之氣者。形容其意志中篤信健行之狀態也。其潛而爲勢力也甚靜穩。其動而爲作用也又甚活潑。蓋卽中庸之所謂誠。而自其動作之方面形容之。一言以蔽之。則仁義之功用而已。

求放心　人性旣善，則常有動而之善之機。惟爲欲所引，則往往放其良心而不顧。故曰。人豈無仁義之心哉。其所以放其良心者。亦猶斧斤之於木也。旦旦而伐之。雖然。已放之良心。非不可以復得也。人自不求之耳。故又曰。學問之道無他。求其放心而已矣。

孝弟　孟子之倫理說。注重於普遍之觀念。而略於實行之方法。其言德行。以孝弟爲本。曰。孩提之童。無不知愛其親也。及其長也。無不知敬其兄也。親親。仁也。敬長。義也。無他。達之天下也。又曰。堯舜之道。孝弟而已矣。

大丈夫　孔子以君子代表實行道德之人格。孟子則又別以大丈夫代表之。其所謂大丈夫者。以浩然之氣爲本。嚴取與出處之界。仰不愧於天。俯不怍於人。不爲外界非道非義之勢力所左右。卽遇困厄。亦且引以爲磨鍊身心之藥石而不以挫其志。蓋應時勢之需要。而論及義勇之價值及效用者也。其言曰。說大人則藐之。勿視其巍巍然。在彼者皆我所不爲也。在我者皆古之制也。吾何畏彼哉。又曰。居天下之廣居。立天下之正位。行天下之大道。得志與民由之。不得志。獨行其道。富貴不能淫。貧賤不能移。威武不能屈。此之謂大丈夫。又曰。天之將降大任於是人也。必先苦其心志。勞其筋骨。餓其體膚。空乏其身。行拂亂其所爲。然後動心忍性。增益其所不能。此足以觀孟子之胸襟矣。

自暴自棄　人之性善。故能學則皆可以爲堯舜。其或爲惡不已。而其究且如桀紂者。非其性之不善。而自放其良心之咎也。是爲自暴自棄。故曰。自暴者不可與有言也。自棄者。不可與有爲也。言非禮義。謂之自暴。吾身不能居仁由義。謂之自棄也。

政治論　孟子之倫理說。亦推擴而爲政治論。所謂有不忍人之心斯有不忍人之政者也。其理想之政治。以堯舜代表之。嘗極論道德與生計之關係。勸農桑。重教育。其因齊宣王好貨好色好樂之語。而勸以與百姓同之。又嘗言國君進賢退不肖殺有罪。皆託始於國民之同意。以舜禹之受禪。實迫於民視民聽。桀紂殘賊。謂之一夫。而不可謂之君。提倡民權。爲孔子所未及焉。

結論　孟子承孔子子思之學說而推闡之。其精深雖不及子思。而博大翔實則過之。其品格又足以相副。信不愧爲儒家鉅子。惟既立性善說。而又立欲以對待之。於無意識之間。由一元論而嬗爲二元論。致無以確立其論旨之基礎。蓋孟子爲雄偉之辨論家。而非沈靜之研究家。故其立說。不能無遺憾焉。

第六章　荀子

小傳　荀子名況。趙人。後孟子五十餘年生。嘗游齊楚。疾舉世溷濁。國亂相繼。大道蔽壅。禮義不起。營巫祝。信禨祥。邪說盛行。紊俗壞風。爰述仲尼之論。禮樂之治。著書數萬言。即今所傳之荀子是也。

學說　漢儒述毛詩傳授系統。自子夏至荀子。而荀子書中嘗並稱仲尼子弓。子弓者。馯臂子弓也。嘗受易於商瞿。而實爲子夏之門人。荀子爲子夏學派。殆無疑義。子夏治文學。發明章句。故荀子著書。多根據經訓。粹然存學者之態度焉。

人道之原　荀子以前言倫理者。以宇宙論爲基本。故信仰天人感應之理。而立性善說。至荀子。則劃絕天人之關係。以人事爲無與於天道。而特爲各人之關係。於是有性惡說。

性惡說　荀子祖述儒家。欲行其道於天下。重利用厚生。重實踐倫理。以研究宇宙爲不急之務。自昔相承理想。皆以禎祥災孽。彰天人交感之故。及荀子。則雖亦承認自然界之確有理法。而特謂其無關於道德。無關於人類之行爲。凡治亂禍福。一切社會現象。悉起伏於人類之勢力。而於天無與也。惟荀子既以人類勢力爲社會成立之原因。而見其間有自然衝突之勢力存焉。是謂欲。遂進而以欲爲天性之實體。而謂人性皆惡。是亦猶孟子以人皆有不忍人之心而因謂人性皆善也。

荀子以人類爲同性。與孟子同也。故既持性惡之說。則謂人人具有惡性。桀紂爲率性之極。而堯舜則怫性之功。故曰。人之性惡。其善者僞也。（僞與爲同）於是孟荀二子之言。相背而馳。孟子持性善說。而於惡之所由起。不能自圓其說。荀子持性惡說。則於善之所由起。亦不免爲困難之點。荀子乃以心理之狀態解釋之。曰。夫薄則願厚。惡則願善。狹則願廣。貧則願富。賤則願貴。無於中則求於外。然則善也者。不過惡之反射作用。而人之欲善。則猶是欲之動作而已。然其所謂善。要與意識之善有別。故其說尚不足以自立。而其依據學理之傾向。則已勝於孟子矣。

性論之矛盾　荀子雖持性惡說。而間有矛盾之說。彼既以人皆有欲爲性惡之由。然又以欲爲一種勢力。欲之多寡。初與善惡無關。善惡之標準爲理。視其欲之合理與否。而善惡由是判焉。曰。天下之所謂善者。正理平治也。所謂惡者。偏險悖亂也。是善惡之分也。又曰。心之所可。苟中理。欲雖多。奚傷治。心之所可。苟失理。欲雖寡。奚止亂。是其欲與善惡無關之說也。又曰。心虛一而靜。心未嘗不臧。然而謂之虛。心未嘗不滿。然而謂之靜。人生而有知。有知而後有志。有志者謂之臧。又曰。聖人知心術之患。蔽塞之禍。故無欲無惡。無始無終。無近無遠。無博無淺。無古無今。兼陳萬物而懸衡於中。是說也。與後世淮南子之說相似。均與其性惡說自相矛盾者也。

修爲之方法　持性善說者。謂人性之善。如水之就下。循其性而存之養之擴充之。則自達於聖人之域。荀子旣持性惡之說。則謂人之爲善。如木之必待隱括矯揉而後直。苟非以人爲矯其天性。則無以達於聖域。是其修爲之方法。爲消極主義。與性善論者之積極主義相反者也。

禮　何以矯性。曰禮。禮者不出於天性而全出於人爲。故曰。積僞而化謂之聖。聖人者。僞之極也。又曰。性僞合。然後有聖人之名。蓋天性雖復常存。而積僞之極。則性與僞化。故聖凡之別。卽視其性僞化合之程度如何耳。積僞在於知禮。而知禮必由於學。故曰。學不可以已。其數始於誦經。終於讀禮。其義始於士。終於聖人。學數有終。若其義則須臾不可舍。爲之人也。舍之禽獸也。書者。政治之紀也。詩者。中聲之止也。禮者。法之大分羣類之綱紀也。故學至禮而止。

禮之本始　禮者。聖人所制。然聖人亦人耳。其性亦惡耳。何以能萌蘖至善之意識。而據之以爲禮。荀子嘗推本自然以解釋之。曰。天地者。生之始也。禮義者。治之始也。君子者。禮義之始也。故天地生君子。君子理天地。君子者。天地之盡也。萬物之總也。民之父母也。無君子則天地不理。禮義無統。上無君師。下無父子。然則君子者。天地所特畀以創造禮義之人格。寧非與其天人無關之說相違與。荀子又嘗推本人情以解說之。曰。三年之喪。稱情而立文。所以爲至痛之極也。如其言。則不能不豫想人類之本有善性。是又不合於人性皆惡之說矣。

禮之用　荀子之所謂禮。包法家之所謂法而言之。故由一身而推之於政治。故曰。隆禮貴義者。其國治。簡禮賤義者。其國亂。又曰。禮者。治辨之極也。彊國之本也。威行之道也。功名之總也。王公由之。所以得天下。不由之。所以隕社稷。故堅甲利兵。不足以爲勝。高城深池。不足以爲固。嚴令繁刑。不足以爲威。由其道則行。不由其道則廢。禮之用可謂大矣。

禮樂相濟　有禮則不可無樂。禮者。以人定之法。節制其身心。消極者也。樂者。以自然之美。化感其性靈。積極者也。禮之德方而智。樂之德圓而神。無禮之樂。或流於縱恣而無紀。無樂之禮。又涉於枯寂而無趣。是以荀子曰。夫音樂。入人也深。而化人也速。故先王謹爲之文。樂中平則民和而不流。樂肅莊則民齊而不亂。民和齊則兵勁而城固。

刑罰　禮以齊之。樂以化之。而尚有頑冥不靈之民。不帥教化。則不得不繼之以刑罰。刑罰者。非徒懲已著之惡。亦所以懾僉人之膽。而遏惡於未然者也。故不可不強其力。而輕刑不如重刑。故曰。凡刑人者。所以禁暴惡惡。且懲其末也．故刑重則世治．而刑輕則世亂．

理想之君道　荀子知世界之進化．後勝於前．故其理想之太平世．不在太古而在後世．曰．天地之始．今日是也．百王之道．後王是也．故禮樂刑政．不可不與時變革．而爲社會立法之聖人．不可不先後輩出．聖人者．知君人之大道者也．故曰．道者何耶．曰君道．君道者何耶．曰能羣．能羣者何耶．曰善生養人者也．善斑治人者也．善顯役人者也．善藩飾人者也．

結論　荀子學說．雖不免有矛盾之跡．然其思想多得之於經驗．故其說較爲切實．重形式之敎育．揭法律之效力．超越三代以來之德政主義．而近接於法治主義之範圍．故荀子之門．有韓非李斯諸人．持激烈之法治論．此正其學說之傾向．而非如蘇軾所謂由於人格之感化者也．荀子之性惡論．雖爲常識所震駭．然其思想之自由．論斷之勇敢．不愧爲學者云．

（二）道家

第七章　老子

小傳　老子姓李氏。名耳。字曰聃。苦縣人也。不詳其生年。蓋長於孔子。苦縣本陳地。及春秋時而爲楚領。老子蓋亡國之遺民也。故不仕於楚而爲周柱下史。晚年。厭世。將隱遁。西行。至函關。關令尹喜要之。老子遂著書五千餘言。論道德之要。後人稱爲道德經云。

學說之淵源　老子二卷。上卷多說道。下卷多說德。前者爲世界觀。後者爲人生觀。其學說所自出。或曰本於黃帝。或曰本於史官。綜觀老子學說。誠深有鑒於歷史成敗之因果而紬繹以得之者。而其間又有人種地理之影響。蓋我國南北二方風氣逈異。當春秋時。楚尙爲齊晉諸國之公敵。而被擯於蠻夷之列。其衝突之跡。不惟在政治家。卽學者維持社會之觀念。亦復相背而馳。老子之思想。足以代表北方文化之反動力矣。

學說之趨向　老子以降。南方之思想。多好為形而上學之探究。蓋其時北方儒者。以經驗世界為其世界觀之基礎。繁其禮法。縟其儀文。而忽於養心之本旨。故南方學者反對之。北方學者之於宇宙。僅究現象變化之規則。而南方學者。則進而闡明宇宙之實在。故如倫理學者。幾非南方學者所注意。而且以道德為消極者也。

道　北方學者之所謂道。宇宙之法則也。老子則以宇宙之本體為道。卽宇宙全體抽象之記號也。故曰。致虛則極。守靜則篤。萬物並作。吾以觀其復。夫物芸芸然。各歸其根。曰靜。靜曰復命。復命曰常。知常曰明。言道本靜虛。故萬物之本體亦靜虛。要當純任自然。而復歸於靜虛之境。此則老子厭世主義之根本也。

德　老子所謂道。既非儒者之所道。因而其所謂德。亦非儒者之所德。彼以爲太古之人。不識不知。無爲無欲。如嬰兒然。是爲能體道者。其後知慧漸長。惑於物欲。而大道漸以澌滅。其時聖人又不揣其本而齊其末。說仁義作禮樂。欲恃繁文縟節以拘梏之。於是人人益趨於私利。而社會之秩序益以紊亂。及今而救正之。惟循自然之勢。復歸於虛靜。復歸於嬰兒而已。故曰。小國寡民。有什伯之器而不用。使民重死而不遠徙。雖有舟輿。無所乘之。雖有甲兵。無所陳之。使人復結繩而用之。甘其食。美其服。安其居。樂其俗。鄰國相望。雞犬之聲相聞。民至老死不相往來。老子所理想之社會如此。其後莊子之胠篋篇。又述之。至陶淵明。又益以具體之觀念而爲桃花源記。足以見南方思想家之理想。常爲遁世者所服膺焉。

老子所見。道德本不足重。且正因道德之崇尚。而足徵世界之澆漓。苟循其本。未有不爽然自失者。何則。道德者。由相對之不道德而發生。仁義忠孝。發生於不仁不義不忠不孝。如人有疾病。始需醫藥焉。故曰。大道廢有仁義。智慧出有大僞。六親不和有孝慈。國家昏亂有忠臣。又曰。上德不德。是以有德。下德不失德。是以無德。上德無爲而無以爲。下德爲之而有以爲。上仁爲之而無以爲。上義爲之而有以爲。上禮爲之而無應之。則攘臂而爭之。故失道而後德。失德而後仁。失仁而後義。失義而後禮。夫禮者。忠信之薄。亂之首也。前識者。道之華。愚之始也。是以大丈夫處厚而不居薄。處實而不居華。故去彼取此。

道德論之缺點　老子以消極之價値論道德。其說誠然。蓋世界進化。人事日益複雜。而害惡之條目。日益繁殖。於是禁止之豫備之作用。亦隨之而繁殖。此即道德界特別名義發生之所由。徵之歷史而無惑者也。然大道何由而廢。六親何由而不和。國家何由而昏亂。老子未嘗言之。則其說猶未備焉。
因果之倒置　世有不道德而後以道德救之。猶人有疾病而以醫藥療之。
其理誠然。然因是而遂謂道德爲不道德之原因。則猶以醫藥爲疾病之原
因。倒因而爲果矣。老子之論道德也。蓋如此。曰。古之善爲道者。非以明民。將
以愚之。民之難治。以其智多。以智治國。國之賊。不以智治國。國之福。又曰。絕
聖棄智。民利百倍。絕仁棄義。民復孝慈。絕巧棄利。盜賊無有。天下多忌諱而
民彌貧。民利益多。國家滋昏。人多伎巧。奇物滋起。法令滋彰。盜賊多有。蓋世
之所謂道德法令。誠有糾擾苛苦。轉足爲不道德之媒介者。如庸醫之不能
療病而轉以益之。老子有激於此。遂謂廢棄道德。卽可臻於至治。則不得不
謂之謬誤矣。
齊善惡　老子又進而以無差別界之見。應用於差別界。則爲善惡無別之

說。曰。道者。萬物之奧。善人之寶。不善人之保。是合善惡而悉謂之道也。又曰。天下皆知美之爲美。斯惡矣。皆知善之爲善。斯不善矣。言醜惡之名。緣美善而出。苟無美善。則亦無所謂醜惡也。是皆絕對界之見。以形而上學之理繩之。固不能謂之謬誤。然使應用其說於倫理界。則直無倫理之可言。蓋人類既處於相對之世界。固不能以絕對界之理相繩也。老子又爲幸較之言曰。唯之與阿。相去幾何。善之與惡。相去奚若。則言善惡雖有差別。而其別甚微。無足措意。然既有差別。則雖至極微之界。豈得比而同之乎。

無爲之政治　老子既以道德爲長物。則其視政治也亦然。其視政治爲統治者之責任。與儒家同。惟儒家之所謂政治家。在道民齊民。使之進步。而老子之說。則反之。惟循民心之所向而無忤之而已。故曰。聖人無常心。以百姓之心爲心。善者吾善之。不善者吾亦善之。德善也。信者吾信之。不信者吾亦信之德信也。聖人之在天下。歙歙然不爲天下渾其心。百姓皆注耳目也。聖人皆孩之。

法術之起原　老子既主無爲之治。是以斥禮樂。排刑政。惡甲兵。甚且絕學而棄智。雖然。彼亦應時勢而立政策。雖於其所說之眞理。稍若矛盾。而要仍本於其齊同善惡之概念。故曰。將欲噏之。必固張之。將欲納之。必固强之。將欲廢之。必固興之。將欲奪之。必固與之。又曰。以正治國。以奇用兵。又曰。用兵有言。吾不爲主而爲客。又曰。天之道。其猶張弓乎。高者抑之。下者舉之。有餘者損之。不足者補之。天道損有餘而補不足。人之道不然。損不足以奉有餘。孰能以有餘奉天下。惟有道者而已。是以聖人爲而不恃。功成而不處。不欲見其賢。由是觀之。老子固精於處世之法者。彼自立於齊同美惡之地位。而以至巧之策處理世界。俄雖斥智慧爲廢物。而於相對界。不得不巧施其智慧。此其所以爲權謀術數所自出。而後世法術家皆奉爲先河也。

結論　老子之學說。多偏激。故能刺衝思想界。而開後世思想家之先導。然其說與進化之理相背馳。故不能久行於普通健全之社會。其盛行之者。惟在不健全之時代。如魏晉以降六朝之間是已。

第八章　莊子

老子之徒。自昔莊列並稱。然今所傳列子之書。爲魏晉間人所僞作。先賢已有定論。僅足藉以見魏晉人之思潮而已。故不序於此。而專論莊子。

小傳　莊子。名周。宋蒙縣人也。嘗爲漆園吏。楚威王聘之。却而不往。蓋憤世而隱者也。（案莊子蓋稍先於孟子。故書中雖詆儒家而不及孟。而孟子之所謂楊朱。實卽莊周。古音莊與楊周與朱俱相近。如荀卿之亦作孫卿也。孟子曰。楊氏爲我。拔一毫而利天下不爲也。又曰。楊朱墨翟之言盈天下。楊氏爲我。是無君也。呂氏春秋曰。陽子貴己。淮南子氾論訓曰。全性保眞。不以物累形。楊子之所立也。而孟子非之。貴己保眞。卽爲我之正旨。莊周書中。隨在可指。如許由曰。予無所用天下爲。連叔曰。之人也。之德也。將旁礴萬物以爲一世也。蘄乎亂。孰弊弊焉以天下爲事。是其塵垢粃糠。猶將陶鑄堯舜者也。孰肯以物爲事。其他類是者。不可以更僕數。正孟子所謂拔一毛而利天下不爲者也。子路之詆長沮桀溺也。曰。廢君臣之義。曰。欲潔其身而亂大倫。正與孟子所謂楊氏無君相同。至列子楊朱篇。則因誤會孟子之言而附會之者。如其所言。則純然下等之自利主義。不特無以風動天下。而且與儒家言之道德。截然相反。孟子所以斥之者。豈僅曰無君而已。余別有詳考。附著其略於此云)

學派　韓愈曰。子夏之學。其後有田子方。子方之後。流而爲莊子。其說不知所本要之老子既出其說盛行於南方莊子生楚魏之間受其影而以其閎眇之思想廓大之不特於老子權謀術數之見一無所染而其形而上界之見地亦大有進步已浸浸接近於佛說莊子者超絕政治界而純然研求哲理之大思想家也漢初盛言黃老魏晉以降盛言老莊此亦可以觀莊子與老佛異同之朕兆矣

莊子之書存者凡三十三篇內篇七外篇十五雜篇十一內篇義旨閎深先後互相貫注爲其學說之中堅外篇雜篇則所以反覆推明之者也雜篇之天下篇歷敍各家道術而批判之且自陳其宗旨之所在與老子有同異焉是卽莊子之自敍也

世界觀及人生觀　莊子以世界爲由相對之現象而成立其本體則未始有對也無爲也無始無終而永存者也是爲道故曰彼是無得其偶謂之道

曰．道未始有對．由是而其人生觀．亦以反本復始爲主義．蓋超越相對界而認識絕對無終之本體．以宅其心意之謂也．而所以達此主義者．則在虛靜恬淡．屏絕一切矯揉造作之爲．而悉委之於自然．忘善惡．脫苦厄．而以無爲處世．故曰．大塊載我以形．勞我以生．佚我以老．息我以死．故善吾生者．乃所以善吾死者也．夫生死且不以嬰心．更何有於善惡耶．

理想之人格　能達此反本復始之主義者．莊子謂之眞人．亦曰神人聖人．而稱其才爲全才．嘗於其大宗師篇詳說之曰．古之眞人．不逆寡．不雄成．不謩士．若然者．過而弗悔．當而不自得也．登高不慄．入水不濡．入火不熱．其覺無憂．其息深深．又曰．不知說生．不知惡死．其出不訢．其入不距．翛然往來．不忘其所始．不求其所終．受而喜之．忘而復之．是之謂不以心捐道．不以人助天．是之謂眞人．其他散見各篇者多類此．

修爲之法　凡人欲超越相對界而達於極對界。不可不有修爲之法。莊子言其卑近者。則曰徹志之勃。解心之謬。去德之累。達道之塞。貴富顯嚴名利。六者勃志也。容動色理氣意。六者謬心也。惡欲喜怒哀樂。六者累德也。去就取與知能。六者塞道也。此四六者不盪胸中則正。正則靜。靜則明。明則虛。虛則無爲而無不爲也。是其消極之修爲法也。又曰夫道覆載萬物者也。洋洋乎大哉。君子不可以不刳心焉。無爲爲之之謂天。無爲言之之謂德。愛人利物之謂仁。不同同之之謂大。行不崖異之謂寬。有萬不同之謂富。故執德之紀。德成之謂立。循於道之謂備。不以物挫志之謂完。君子明於此十者。則韜乎其事心之大也。沛乎其爲萬物逝也。是其積極之修爲法也。合而言之。則先去物慾。進而任自然之謂也。

內省　去四六害。明十事。皆對於外界之修爲也。莊子更進而揭其內省之極工。是謂心齋。於人間世篇言之曰。顏回問心齋。仲尼曰。一若志。無聽之以耳而聽之以心。無聽之以心而聽之以氣。聽止於耳。心止於符。氣也者。虛而待物者也。惟道集虛。虛者。心齋也。心齋者。絕妄想而見性眞也。彼嘗形容其狀態曰。南郭子綦隱几而坐。仰天而噓。嗒然似喪其耦。顏成子游曰。何居乎。形固可使如槁木。而心固可使如死灰乎。孔子見老子。老子新沐。方被髮而乾之。慹然似非人者。孔子進見曰。向者先生之形體。掘若槁木。似遺世離人而立於獨。老子曰。吾方游於物之始。游於物之始。卽心齋之作用也。其言修爲之方。則曰。吾守之三日而後能外天下。又守之七日而後能外物。又守之九日而後能外生。外生而後能朝徹。朝徹而後能見獨。見獨而後能無古今。無古今而後入不死不生。又曰。一年而野。二年而從。三年而通。四年而物。五年而來。六年而鬼入。七年而天成。八年而不知生不知死。九年而大妙。蓋相對世界。自物質及空間時間兩形式以外。本無所有。莊子所謂外物及無古今。卽超絕物質及時間空間。純然絕對世界之觀念。或言自三日以至九日。或言自一年以至九年。皆不過假設漸進之程度。惟前者述其工夫。後者述其效驗而已。莊子所謂心齋。與佛家之禪相似。蓋至是而南方思想。已與印度思想契合矣。

北方思想之駁論　莊子之思想如此。則其與北方思想。專以人爲之禮教爲調攝心性之作用者。固如冰炭之不相入矣。故於儒家所崇拜之帝王。多非難之。曰三皇五帝之治天下也。名曰治之。亂莫甚焉。使人不得安其性命之情。而猶謂之聖人。不可恥乎。又曰。昔者皇帝始以仁義攖人之心。堯舜於是乎股無胈。脛無毛。以養天下之形。愁其五藏。以爲仁義。矜其血氣。以規法度。然猶有不勝也。堯於是放讙兜。投三苗。流共工。此不勝天下也。夫施及三王而天下大駭矣。下有桀跖。上有曾史。而儒墨畢起。於是乎喜怒相疑。愚知相欺。善否相非。誕信相譏。而天下衰矣。大德不同而性命爛漫矣。天下好知而百姓求竭矣。於是乎釿鋸制焉。繩墨殺焉。椎鑿決焉。天下脊脊大亂。罪在攖人心。其他全書中類此者至多。其意不外乎聖人尙智慧。設差別。以爲爭亂之媒而已。

排仁義　儒家所揭以爲道德之標幟者。曰仁義。故莊子排之最力。曰。駢拇枝指。出乎性哉。而侈於德。附贅懸疣。出乎形哉。而侈於性。多方乎仁義而用之者。列乎五藏哉。而非道德之正也。性長非所斷。性短非所續。無所去憂也。意仁義其非人情乎。彼仁人何其多憂也。且夫待鉤墨規矩而正者。是削其性也。待繩約膠漆而固者。是侵其德也。屈折禮樂。呴俞仁義。以慰天下之心者。此失其常然也。常然者。天下誘然皆生而不知其所以生。同焉皆得而不知其所以得。故古今不二。不可虧也。則仁義又奚連連如膠漆纆索而游乎道德之間爲哉。蓋儒家之仁義。本所以止亂。而自莊子觀之。則因仁義而更以致亂。以其不順乎人性也。

道德之推移　莊子之意。世所謂道德者。非有定實。常因時地而遷移。故曰。水行無若用舟。陸行無若用車。以舟之可行於水也。而推之於陸。則沒世而不行尋常。古今非水陸耶。周魯非舟車耶。今蘄行周於魯。猶推舟於陸。勞而無功。必及於殃。夫禮義法度。應時而變者也。今取猨狙而衣以周公之服。彼必齕齧挽裂。盡去之而後慊。古今之異。猶猨狙之於周公也。莊子此論。雖若失之過激。然儒家末流。以道德爲一定不易。不研求時地之異同。而強欲納人性於一治之中者。不可不以莊子此言爲藥石也。

道德之價値　莊子見道德之隨時地而遷移者。則以爲其事本無一定之標準。徒由社會先覺者。藉其臨民之勢力。而以意創定。凡民率而行之。沿襲既久乃成習慣。苟循其本。則足知道德之本無價值。而率循之者。皆媚世之流也。故曰。孝子不諛其親。忠臣不諛其君。君親之所言而然。所行而善。世俗所謂不肖之臣子也。世俗之所謂然而然之。世俗之所謂善而善之。不謂之道諛之人耶。

道德之利害　道德既爲凡民之事。則於凡民以上。必不能保其同一之威嚴。故不惟大聖。卽大盜亦得而利用之。故曰。將爲胠篋探囊發匱之盜而爲守備。則必攝緘縢。固扃鐍。此世俗之所謂知也。然而大盜至。則負匱揭篋探囊而趨。惟恐緘縢扃鐍之不固也。然則鄉之所謂知者。不乃爲大盜積者也。故嘗試論之。世俗所謂知者。有不爲大盜積者乎。所謂聖者。有不爲大盜守者乎。何以知其然耶。昔者齊國所以立宗廟社稷。治邑屋州閭鄉曲者。曷嘗不法聖人哉。然而田成子一旦殺齊君而盜其國。所盜者豈獨其國邪。并與其聖知之法而盜之。小國不敢非。大國不敢誅。十二世有齊國。則是不乃竊齊國并與其聖知之法。以守其盜賊之身乎。跖之徒問於跖曰。盜亦有道乎。跖曰。何適而無有道耶。夫妄意室中之藏。聖也。入先勇也。出後義也。知可否。知也。分均。仁也。五者不備而能成大盜者。未之有也。由是觀之。善人不得聖人之道不立。跖不得聖人之道不行。天下之善人少而不善人多。則聖人之利天下也少。而害天下也多。聖人已死。則大盜不起。莊子此論。蓋鑒於周季拘牽名義之弊。所謂道德仁義者。徒爲大盜之所利用。故欲去大盜。則必并其所利用者而去之。始爲正本清源之道也。

結論　自堯舜時。始言禮教。歷夏及商。至周而大備。其要旨在辨上下。自家庭以至朝廟。皆能少不凌長。賤不凌長。則相安而無事矣。及其弊也。形式雖存。精神澌滅。强有力者。如田常盜跖之屬。決非禮教所能制。而彼乃轉恃禮教以爲箝制弱小之具。儒家欲救其弊。務修明禮教。使貴賤同納於軌範。而道家反對之。以爲當時禮法。自束縛人民自由以外。無他効力。不可不決而去之。在老子已有聖人不仁芻狗萬物之說。莊子更大廓其義。舉唐虞以來之政治。詆斥備至。津津於許由北人無擇薄天下而不爲之流。蓋其消極之觀察。在悉去政治風俗間種種賞罰毀譽之屬。使人人不失其自由。則人各事其所事。各得其所得。而無事乎損人以利己。抑亦無事乎損己以利人。而相忘於善惡之差別矣。其積極之觀察。則在世界之無常。人生之如夢。人能向實體世界之觀念而進行。則不爲此世界生死禍福之所動。而一切忮求恐怖之念皆去。更無所恃於禮教矣。其說在社會方面。近於今日最新之社會主義。在學理方面。近於最新之神道學。其理論多軼出倫理學界。而屬於純粹哲學。茲刺取其有關倫理者。而撮記其概略如右云。

第九章　許行

(三)農家

周季農家之言。傳者甚鮮。其有關於倫理學說者。惟許行之道。惟既爲新進之徒陳相所傳述。而又見於反對派孟子之書。其不盡眞相。所不待言。然卽此見於孟子之數語而尋繹之。亦有可以窺其學說之梗略者。故推論焉。

小傳　許行蓋楚人。當滕文公時。率其徒數十人至焉。皆衣褐。綑屨織蓆以爲食。

義務權利之平等　商鞅稱神農之世。公耕而食。婦織而衣。刑政不用而治。呂氏春秋稱神農之敎曰。士有當年而不耕者。天下或受其飢。女有當年而不織者。天下或受其寒。蓋當農業初興之時。其事實如此。許行本其事實而演繹以爲學說。則爲人人各盡其所能。毋或過儉。各取其所需。毋或過豐。故曰賢者與民並耕而食。饔飧而治。今也滕有倉廩府庫。則是厲民而以自養也。彼與其徒以綑屨織蓆爲業。未嘗不明於通功易事之義。至孟子所謂勞心。所謂憂天下。則自許行觀之。寧不如無爲而治之爲愈也。

齊物價　陳相曰。從許子之道。則市價不二。布帛長短同。麻縷絲絮輕重同。五穀多寡同。屨大小同。則賈皆相若。蓋其意以勞力爲物價之根本。而資料則爲公有。又專求實用而無取乎紛華靡麗之觀。以辨上下而別等夷。故物價以數量相準。而不必問其精粗也。近世社會主義家。慨於工商業之盛興。野人之嚮集城市。爲貧富懸絕之原因。則有反對物質文明。而持尙農返樸之說者。亦許行之流也。

結論　許行對於政治界之觀念。與莊子同。其稱神農。則亦猶道家之稱黃帝。不屑齒及於堯舜以後之名教也。其爲南方思想之一支甚明。孟子之攻陳相也。曰。陳良楚産也。悅周公仲尼之道。北學於中國。北方之學者。未能或之先也。又曰。今也南蠻鴃舌之人。非先王之道。子倍子之師而學之。是卽南北思潮不相容之現象也。然其時南方思潮。業已侵入北方。如齊之陳仲子。其主義甚類許行。仲子。齊之世家也。兄戴。蓋祿萬鍾。仲子以兄之祿爲不義之祿而不食之。以兄之室爲不義之室而不居之。避兄離母。居於於陵。身織屨。妻辟纑。以易粟。孟子曰。仲子不義。與之齊國而弗受。又曰。亡親戚君臣上下。其爲粹然南方之思想無疑矣。

第十章　墨子

(四)墨家

孔老二氏。既代表南北思想。而其時又有北方思想之別派。崛起而與儒家言相抗者，是爲墨子，韓非子曰，今之顯學，儒墨也，可以觀墨學之勢力矣。

小傳　墨子，名翟，史記稱其爲宋大夫，善守禦，節用，其年次不詳，蓋稍後於孔子。莊子稱其以繩墨自矯而備世之急，孟子稱其摩頂放踵利天下爲之，蓋持兼愛之說而實行之者也，

學說之淵源　宋者殷之後也，孔子之評殷人曰，殷人尊神，率民而事神，先鬼而後禮，先罰而後賞，墨子之明鬼尊天，皆殷人因襲之思想，漢書藝文志謂墨學出於淸廟之守，亦其義也，孔子雖殷後，而生長於魯，專明周禮，墨子仕宋，則依據殷道。是爲儒墨差別之大原因，至墨子節用節葬諸義，則又兼採夏道，其書嘗稱道禹之功業，而謂公孟子曰，子法周而未法夏，子之古非古也，亦其證也，

弟子　墨子之弟子甚多。其著者，有禽滑釐隨巢胡非之屬，與孟子論爭者

曰夷之。亦其一也。宋鈃非攻。蓋亦墨子之支別與。

有神論　墨子學說。以有神論爲基礎。明鬼一篇。所以述鬼神之種類及性質者至備。其言鬼之不可不明也。曰三代聖王既沒。天下失義。諸侯力正。夫君臣之不惠忠也。父子弟兄之不慈孝弟長貞良也。正長之不強於聽治。賤人之不強於從事也。民之爲淫暴寇亂盜賊。以兵刃毒藥水火退無罪人乎道路率徑。奪人車馬衣裘以自利者。並作。由此始。是以天下亂。此其故何以然也。則皆以疑惑鬼神之有與無之別。不明乎鬼神之能賞賢而罰暴也。今若使天下之人。偕若信鬼神之能賞賢而罰暴也。則夫天下豈亂哉。今執無鬼者曰。鬼神者固無有。旦暮以爲教誨乎天下之人。疑天下之衆。使皆疑惑乎鬼神有無之別。是以天下亂。然則墨子以罪惡之所由生。爲無神論。而因以明有神論之必要。是其說不本於宗教之信仰。及哲學之思索。而僅爲政治若社會應用而設。其說似太淺近。以其法儀諸篇推之。墨子蓋有見於萬物皆神。而天即爲其統一者。因自昔崇拜自然之宗教而說之以學理者也。

法天　儒家之尊天也。直以天道爲社會之法則。而於天之所以當尊。天道之所以可法。未遑詳也。及墨子而始闡明其故。於法儀篇詳之曰。天下從事者不可以無法儀。無法儀而其事能成者。無有。雖至士之爲將相者皆有法。雖至百工從事者亦皆有法。百工爲方以矩。爲圓以規。直以繩。正以縣。無巧工不巧工。皆以此五者爲法。巧者能中之。不巧者雖不能中。放依以從事。猶逾已。故百工從事皆有法所度。今大者治天下。其次治大國。而無法所度。此不若百工辨也。然則吾人之所可以爲法者何在。墨子曰。當皆法其父母奚若。天下之爲父母者衆。而仁者寡。若皆法其父母。此法不仁也。當皆法其學奚若。天下之爲學者衆。而仁者寡。若皆法其學。此法不仁也。當皆法其君奚若。天下之爲君者衆。而仁者寡。若皆法其學。此法不仁也。法不仁不可以爲法。夫父母者。彝倫之基本。學者。知識之原泉。君者。於現實界有絕對之威力。然而均不免於不仁。而不可以爲法。蓋既在此相對世界中。勢不能有保其絕對之尊嚴者也。而吾人所法。要非有全知全能永保其絕對之尊嚴。而不與時地爲推移者。不足以當之。然則非天而誰。故曰。莫若法天。天之行廣而無私。其施厚而不德。其明久而不衰。故聖王法之。既以天爲法。動作有爲。必度於天。天之所欲則爲之。天所不欲則止。由是觀之。墨子之於天。直以神靈視之。而不僅如儒家之視爲理法矣。

天之愛人利人　人以天爲法。則天意之好惡。即以決吾人之行止。夫天意果何在乎。墨子則承前文而言之曰。天何欲何惡。天必欲人之相愛相利。而不欲人之相惡相賊也。奚以知之。以其兼而愛之。兼而利之也。奚以知其兼愛之而兼利之。以其兼而有之兼而食之也。今天下無大小國。皆天之邑也。人無幼長貴賤。皆天之臣也。此以莫不犓羊豢犬豬。絜爲酒醴粢盛以敬事天。此不爲兼而有之兼而食之邪。天苟兼而有之食之。夫奚說以不欲人之相愛相利也。故曰。愛人利人者。天必福之。惡人賊人者。天必禍之。曰殺不辜者。得不祥焉。夫奚說人爲其相殺而天與禍乎。是以天欲人相愛相利而不欲人相惡相賊也。

道德之法則　天之意在愛與利。則道德之法則。亦不得不然。墨子者以愛與利爲結合而不可離者也。故愛之本原。在近世倫理學家。謂其起於自愛。卽起於自保其生之觀念。而墨子之所見則不然。

兼愛　自愛之愛。與憎相對。充其量。不免至於屈人以伸己。於是互相衝突。而社會之紛亂由是起焉。故以濟世爲的者。不可不擴充爲絕對之愛。絕對之愛。兼愛也。天意也。故曰。盜愛其寶。不愛異寶。故竊異寶以利其寶。賊愛其身。不愛人。故賊人以利其身。此何也。皆由不相愛。雖至大夫之相亂家。諸侯之相攻國者。亦然。大夫各愛其家。不愛異家。故亂異家以利其家。諸侯各愛其國。不愛異國。故攻異國以利其國。天下之亂物。具此而已矣。察此何自起。皆起不相愛。若使天下兼相愛。則國與國不相攻。家與家不相亂。盜賊無有。君臣父子皆能孝慈。若此則天下治。

兼愛與別愛之利害　墨子既揭兼愛之原理。則又舉兼愛別愛之利害以證成之曰。交別者。生天下之大害，交兼者。生天下之大利。是故別非也。兼是也。又曰。有二士於此。其一執別。其一執兼。別士之言曰。吾豈能爲吾友之身若爲吾身。爲吾友之親若爲吾親。是故退睹其友。飢則不食。寒則不衣。疾病不侍養。死喪不葬埋。別士之言若此。行若此。兼士之言不然。行亦不然。曰。吾聞爲高士於天下者。必爲其友之身若爲其身。爲其友之親若爲其親。是故退睹其友。飢則食之。寒則衣之。疾病侍養之。死喪埋之。兼士之言若此。行若此。墨子又推之而爲別君兼君之事。其義略同。

行兼愛之道　兼愛之道。何由而能實行乎。墨子之所揭。與儒家所言之忠恕同。曰。視人之國如其國。視人之家如其家。視人之身如其身。

利與愛　愛者。道德之精神也。行爲之動機也。而吾人之行爲。不可不預期其効果。墨子則以利爲道德之本質。於是其兼愛主義。同時爲功利主義。其言曰。天者兼愛之而兼利之。天之利人也。大於人之自利者。又曰。天之愛人也。視聖人之愛人也薄。而其利人也。視聖人之利人也厚。大人之愛人也。視小人之愛人也薄。而其利人也。視小人之利人也厚。其意以爲道德者。必以利達其愛。若厚愛而薄利。則與薄於愛無異焉。此墨子之功利論也。

兼愛之調攝　兼愛者。社會固結之本質。然社會間人與人之關係。嘗於不知不覺間生親疏之別。故孟子至以墨子之愛無差別爲無父。以爲兼愛之義。與親疏之等不相容也。然如墨子之義。則兩者並無所謂矛盾。其言曰。孝子之爲親度者。亦欲人之愛利其親與。意欲人之惡賊其親與。旣欲人之愛利其親也。則吾惡先從事。卽得此。卽必我先從事乎愛利人之親。然後人報我以愛利吾親也。詩曰。無言而不讎。無德而不報。投我以桃。報之以李。卽此言愛人者必見愛。而惡人者必見惡也。然則愛人之親。正所以愛己之親。豈得謂之無父耶。且墨子之對公輸子也。曰。我鉤之以愛。揣之以恭。弗鉤以愛則不親。弗揣以恭而速狎。狎而不親。則速離。故交相愛交相恭。猶若相利也。然則墨子之兼愛。固自有其調攝之道矣。

勤儉　墨子欲達其兼愛之主義。則不可不務去爭奪之原。爭奪之原。恆在匱乏、匱乏之原。在於奢惰。故爲節用篇以糾奢。而爲非命說以明人事之當盡。又以厚葬久喪。與勤儉相違。特設節葬篇以糾之。而墨子及其弟子。則洵能實行其主義者也。

非攻　言兼愛則必非攻。然墨子非攻而不非守。故有備城門備高臨諸篇。非如孟子所謂修其孝弟忠信。則可制梃以撻甲兵者也。

結論　墨子兼愛而法天。頗近於西方之基督教。其明鬼而節葬。亦含有尊靈魂賤體魄之意。墨家鉅子。有殺身以殉學者。亦頗類基督。然墨子科學家也。實利家也。其所言名數質力諸理。多合於近世科學。其論證。則多用歸納法。按切人事。依據歷史。其尙同尙賢諸篇。則在得明天子及諸賢士大夫以統一各國之政俗。而泯其爭。此皆其異於宗教家者也。墨子偏尙質實。而不知美術有陶養性情之作用。故非樂。是其蔽也。其兼愛主義。則無可非者。孟

子斥爲無父。則門戶之見而已、

(五) 法家

周之季世。北有孔孟。南有老莊。截然兩方思潮循時勢而發展而墨家毗於北。農家毗於南。如驂之靳焉。然此兩方思潮。雖簧鼓一世。而當時君相。方力征經營。以富强其國爲鵠的。則於此兩派。皆以爲迂闊不切事情。而擯斥之。是時有折衷南北學派。而洋洋然流演其中部之思潮以應世用者。法家也。法家之言。以道爲體。以儒爲用。韓非子實集其大成。而其源則濫觴於孔老學說未立以前之政治家。是爲管子。

第十一章　管子

小傳　管子名夷吾。字仲。齊之潁上人。相齊桓公。通貨積財。與俗同好惡。齊以富强。遂霸諸侯焉。

著書　管子所著書漢世尚存八十六篇。今又亡其十篇。其書多雜以後學之所述。不盡出於管氏也。多言政治及理財。其關於倫理學原則者如下。

學說之起原　管子學說所以不同於儒家者。歷史地理皆與有其影響。周之興也。武王有亂臣十人。而以周公旦太公望爲首選。周公守聖賢之態度。好古尚文。以道德爲政治之本。太公挾豪傑之作用。長法兵。用權謀。故周公封魯。太公封齊。而齊魯兩國之政俗。大有徑庭。史記曰。太公之就國也。道宿行遲。逆旅人曰。吾聞之。時難得而易失。客寢甚安。殆非就國者也。太公聞之。夜衣而行。黎明至國。萊侯來伐。爭營邱。太公至國。修政。因其俗。簡其禮。通工商之業。便魚鹽之利。人民多歸之。五月而報政。周公曰。何疾也。曰。吾簡君臣之禮。而從其俗之爲也。魯公伯禽受封之魯。三年而後報政。周公曰。何遲也。伯禽曰。變其俗。革其禮。喪三年而除之。故遲。周公歎曰。嗚呼。魯其北面事齊矣。魯以親親上恩爲施政之主義。齊以尊賢上功爲立法之精神。歷史傳演。學者不能不受其影響。是以魯國學者持道德說。而齊國學者持功利說。而齊爲東方魚鹽之國。是時吳楚二國。尙被擯爲蠻夷。中國之富源。齊而已。管子學說之行於齊。豈偶然耶。

理想之國家　有維持社會之觀念者。必設一理想之國家以爲鵠。如孔子以堯舜爲至治之主。老莊則神游於黃帝以前之神話時代是也。而管子之所謂至治。則曰。人人相和睦。少相居。長相游。祭祀相福。死哀相恤。居處相樂。入則務本疾作以滿倉廩。出則盡節死敵以安社稷。墳然如一父之兒。一家之實。蓋純然以固結其人民。使不愧爲國家之分子者也。

道德與生計之關係　欲固結其人民奈何。曰。養其道德。然管子之意。以爲人民之所以不道德。非徒失教之故。而物質之匱乏。實爲其大原因。欲教之。

必先富之。故曰。倉廩實而知禮節。衣食足而知榮辱。又曰。治國之道。必先富民。民富易治。民貧難治。何以知其然也。民富則安鄉重家。而敬上畏罪。故易治。民貧則反之。故難治。故治國常富。而亂國常貧。

上下之義務　管子以人民實行道德之難易。視其生計之豐歉。故言爲政者務富其民。而爲民者務勤其職。曰農有常業。女有常事。一夫不耕。或受之飢。一婦不織。或受之寒。此其所揭之第一義務也。由是而進以道德。其所謂重要之道德。曰禮義廉恥。謂爲國之四維。管子蓋注意於人心就惡之趨勢。故所揭者皆消極之道德也。

結論　管子之書。於道德起原及其實行之方法。均未遑及。然其所抉道德與生計之關係。則於倫理學界有重大之價値者也。

管子以後之中部思潮　管子之說。以生計爲先河。以法治爲保障。而後有以杜人民不道德之習慣。而不至貽害於國家。純然功利主義也。其後又分爲數派。亦頗受影響於地理云。

(一)爲儒家之政治論所援引。而與北方思潮結合者。如孟子雖鄙夷管子。而襲其道德生計相關之說。荀子之法治主義。亦宗之。其最著者爲尸佼。其言曰。義必利。雖桀紂猶知義之必利也。尸子魯人。嘗爲商鞅師。

(二)純然中部思潮。循管子之主義。隨時勢而發展。李悝之於魏。商鞅之於秦。是也。李悝盡地力。商鞅勵農戰。皆以富強爲的。破周代好古右文之習慣者也。而商君以法律爲全能。法家之名。由是立。且其思潮歷三晉而衍於西方。

(三)與南方思潮接觸。而化合於道家之說者。申不害之徒也。其主義君無爲而臣務功利。是爲術家。申子鄭之遺臣。而仕於韓。鄭與楚鄰也。

當是時也，既以中部之思潮爲調人，而一合於北，一合於南矣。及戰國之末，韓非子遂合三部之思潮而統一之。而周季思想家之運動，遂以是爲歸宿也。

尸子，申子，其書既佚。惟商君，韓非子之書具存。雖多言政治，而頗有倫理學說可以推闡。故具論之。

第十二章　商君

小傳　商君氏公孫，名鞅，受封於商，故號曰商君。君本衞庶公子，少好刑名之學，聞秦孝公求賢，西行以彊國之術說之，大得信任，定變法之令，重農戰，抑親貴，秦以富强。孝公卒，有讒君者，君被磔以死。秦襲君政策，卒并六國。君所著書凡二十五篇。

革新主義　管子，持通變主義者也。其於周制，雖不屑屑因襲，而未嘗大有所擁廓。其時周室雖衰。民志猶未漓也。及戰國時代。時局大變。新說迭出。商君承管子之學說。遂一進而爲革新主義。其言曰。前世不同教。何古是法。帝王不相復。何禮是循。伏羲神農。不教而誅。黃帝堯舜。誅而不怒。至於文武。各當時而立法。因事而制禮。禮法以時定。制令順其宜。兵甲器備。各供其用。故曰。治世者不二道。便國者不必古。湯武之王也。不循古而興。商夏之亡也。不易禮而亡。然則反古者未必非。而循禮者未足多。是也。又其駁甘龍之言曰。常人安於故俗。學者溺於所聞。兩者以之居官守法可也。非所與論於法之外也。三代不同禮而王。五霸不同法而霸。智者作法。愚者制焉。賢者定法。不肖者拘焉。商君之果斷如此。實爲當日思想界革命之巨子。固亦爲時勢所驅迫。而要之非有超人之特性者。不足以語此也。

舊道德之排斥　周末文勝。凡古人所標揭爲道德者。類皆名存實亡。爲干祿舞文之具．如莊子所謂儒以詩禮破冢者是也．商君之革新主義．以國家爲主體．即以人民對於國家之公德爲無上之道德．而凡襲私德之名號。以間接致害於國家者．皆竭力排斥之．故曰．有禮．有樂．有詩．有書．有善．有修．有孝．有悌．有廉．有辨．有是十者．其國必削而至亡．其言雖若過激．然當日虛誣弔詭之道德．非擢陷而廓淸之．誠不足以有爲也．

重刑　商君者．以人類爲惟有營私背公之性質．非以國家無上之威權．逆其性而迫壓之．則不能一其心力以集合爲國家．故務在以刑齊民．而以賞爲刑之附庸．曰．刑者．所以禁奪也．賞者．所以助禁也．故重罰輕賞．則上愛民而下爲君死．反之．重賞而輕罰．則上不愛民．而下不爲君死．故王者刑九而賞一．强國刑七而賞三．削國刑五而賞亦五．商君之理想既如此．而假手於秦以實行之．不稍寬假．臨渭而論刑。水爲之赤．司馬遷評爲天資刻薄．諒哉．

尚信　商君言國家之治。在法信權三者。而其言曾通社會之制裁。則惟信。秉政之始。嘗懸賞徙木以示信。亦其見端也。蓋彼既不認私人有自由行動之餘地。而惟以服從於團體之制裁爲義務。則舍信以外。無所謂根本之道德矣。

結論　商君。政治家也。其主義在以國家之威權裁制各人。故其言道德也。專尚公德。以爲法律之補助。而持之已甚。幾不留各人自由之餘地。又其觀察人性。專以趨惡之一方面爲斷。故尚刑而非樂。與管子之所謂令順民心者相反。此則其天資刻薄之結果。而所以不免爲道德界之罪人也。

第十三章　韓非子

小傳　韓非。韓之庶公子也。喜刑名法術之學。嘗與李斯同學於荀卿。斯自以爲不如也。韓非子見韓之削弱。屢上書韓王。不見用。使於秦。遂以策干始皇。始皇欲大用之。爲李斯所讒。下獄。遂自殺。其所著書凡五十五篇。曰韓子。自宋以後。始加非字以別於韓愈云。方始皇未見韓非子時。嘗讀其書而慕之。李斯爲其同學而相秦。故非雖死。而其學說實大行於秦焉。

學說之大綱　韓非子者。集周季學者三大思潮之大成者也。其學說以中部思潮之法治主義爲中堅。嚴刑必罰。本於商君。其言君主尙無爲而不使臣下得窺其端倪。則本於南方思潮。其言君主自制法律。登進賢能。以治國家。則又受北方思潮之影響者。自孟荀尸申後。三部思潮。已有互相吸引之勢。韓非子生於韓。聞申不害之風。而又學於荀卿。其刻核之性質。又與商君相近。遂以中部思潮爲根據。又甄擇南北兩派。取其足以應時勢之急。爲法治主義之助。而無相矛盾者。陶鑄辟灌。成一家言。蓋根於性癖。演於師承。而又受歷史地理之影響者也。嗚呼。豈偶然哉。

性惡論　荀子言性惡。而商君之觀察人性也亦然。韓非子承荀商之說。而以歷史之事實證明之。曰。人主之患在信人。信人者。被制於人。人臣之於其君也。非有骨肉之親也。縛於勢而不得不事之耳。故人臣者。窺覘其君之心。無須臾之休。而人主乃怠傲以處其上。此世之所以有劫君弑主也。人主太信其子。則姦臣得乘子以成其私。故李兌傅趙王而餓主父。人主太信其妻。則姦臣得乘妻以成其利。故優施傅驪姬而殺申生。立奚齊。夫以妻之近。子之親。猶不可信。則其餘尚可信乎。如是。則信者禍之基也。其故何哉。曰。王良愛馬。爲其馳也。越王句踐愛人。爲其戰也。醫者善吮人之傷。含人之血。非骨肉之親也。驅於利也。故輿人成輿。欲人之富貴。匠人成棺。欲人之夭死。非輿人仁而匠人賊也。人不貴則輿不售。人不死則棺不買。情非憎人也。利在人之死也。故后妃夫人太子之黨成。而欲君之死。君不死則勢不重。情非憎君

也．利在君之死也．故人君不可不加心於利己之死者

威勢　人之自利也．循物競爭存之運會而發展．其勢力之盛．無與敵者．同情誠道德之根本．而人羣進化．未臻至善．欲恃道德以爲成立社會之要素．輒不免爲自利之風潮所擢蕩．韓非子有見於此．故公言道德之無効．而以威勢代之．故曰．母之愛子也．倍於父．而父令之行於子也十於母．吏之於民也無愛．而其令之行於民也萬於父母．父母積愛而令窮．吏用威嚴而民聽．嚴愛之策可決矣．又曰．我以此知威勢之足以禁暴．而德行之不足以止亂也．又舉事例以證之．曰．流涕而不欲刑者．仁也．然而不可不刑者．法也．先王屈於法而不聽其泣．則仁之不足以爲治明也．且民服勢而不服義．仲尼．聖人也．以天下之大．而服從之者僅七十人．魯哀公．下主也．南面爲君．而境內之民無敢不臣者．今爲說者．不知乘勢．而務行仁義．是欲使人主爲仲尼也．

法律　雖然威勢者非人主官吏濫用其強權之謂而根本於法律者也韓非子之所謂法卽荀卿之禮而加以偏重刑罰之義其制定之權在人主而法律既定則雖人主亦不能以意出入之故曰繩直則枉木斲準平則高科削權衡懸則輕重平釋法術而心治雖堯不能正一國去規矩而度以妄意則奚仲不能成一輪又曰明主一於法而不求智

變通主義　荀卿之言禮也曰法後王（法後王卽立新法非如楊氏舊注以後王爲文武也）商君亦力言變法韓非子承之故曰上古之世民不能作家有聖人敎之造巢以避羣害民喜而以爲王其後有聖人敎民火食降至中古天下大水而鯀禹決瀆桀紂暴亂而湯武征伐今有構木鑽燧於夏后氏之世者必爲鯀禹笑有決瀆於殷周之世者必爲湯武笑矣又曰宋人耕田田中有株兔走而觸株折頸而死其人遂捨耕而守株期復得兔兔不

可復得．而身爲宋國笑．然則韓非子之所謂法在明主循時勢之需要而制定之不可以泥古也．

重刑罰　商君荀子皆主重刑．韓非子承之．曰．人不恃其身爲善．而用其不得爲非．待人之自爲善．境內不什數．使之不得爲非．則一國可齊而治．夫必待自直之箭．則百世無箭．必待自圓之木．則千歲無輪．而世皆乘車射禽者．何耶．用檃括之道也．雖有不待檃括而自直之箭．自圓之木．良士不貴也．何則．乘者非一人．射者非一發也．不待賞罰而恃自善之民．明君不貴也．有術之君．不隨適然之善．而行必然之道．罰者．必然之道也．且韓非子不特尚刑罰而已．而又尚重刑．其言曰．殷法刑棄灰於道者．斷其手．子貢以爲酷．問之仲尼．仲尼曰．是知治道者也．夫棄灰於街．必掩人．掩人則人必怒．怒則必鬬．鬬則三族相滅．是殘三族之道也．雖刑之可也．且夫重罰者．人之所惡．而無棄灰。人之所易使行其易者而無離於惡。治道也。彼又言重刑一人。而得使衆人無陷於惡。不失爲仁。故曰。與之刑者。非所以惡民。而愛之本也。刑者。愛之首也。刑重則民靜。然愚人不知。而以爲暴。愚者固欲治。而惡其所以治者。皆惡危。而貴其所以危者。

君主以外無自由　韓非子以君主爲有絕對之自由。故曰。君不能禁下而自禁者曰刼。君不能節下而自節者曰亂。至於君主以下。則一切人民。凡不範於法令之自由。皆嚴禁之。故伯夷叔齊世頌其高義者也。而韓非子則曰。如此臣者。不畏重誅。不利重賞。無益之臣也。恬淡者。世之所引重也。而韓非子則以爲可殺。曰。彼不事天子。不友諸侯。不求人。亦不從人之求。是不可以賞罰勸禁者也。如無益之馬。驅之不前。卻之不止。左之不左。右之不右。如此者。不令之民也。

以法律統一名譽　韓非子既不認人民於法律以外有自由之餘地。於是自服從法律以外。亦無名譽之餘地。故曰。世之不治者。非下之罪。而上失其道也。貴其所以亂。而賤其所以治。是故下之所欲。常相詭於上之所以爲治。夫上令而純信謂之窶。守法而不變謂之愚。畏罪者謂之怯。聽吏者謂之陋。寡聞從令。完法之名也。世少之謂之樸陋之民。力作而食。生利之民也。世少之謂之寡能之民。重令畏事。尊上之民也。世少之謂之怯懾之民。此賤守法而爲善者也。反之而令有不聽從。謂之勇。重厚自尊。謂之長者。行乖於世。謂之大人。賤爵祿不撓於上者。謂之傑士。是以亂法爲高也。又曰。父盜而子訴之官。官以其忠君曲父而殺之。由是觀之。君之直臣者。父之暴子也。又曰。湯武者。反君臣之義。亂後世之教者也。湯武。人臣也。弑其父而天下譽之。然則韓非子之意。君主者。必舉臣民之思想自由言論自由而一切摧絕之者也。

排慈惠　韓非子本其重農尚戰之政策，信賞必罰之作用，而演繹之，則慈善事業，不得不排斥。故曰：施與貧困者，此世之所謂仁義也。哀憐百姓，不忍誅罰者，此世之所謂惠愛也。夫施與貧困，則功將何賞；不忍誅罰，則暴將何止。故天災飢饉，不敢救之，何則，有功與無功同賞，奪力儉而與無功無能，不正義也。

結論　韓非子襲商君之主義，而益詳明其條理，其於儒家道家之思想，雖稍稍有所採擷，然皆得其粗而遺其精，故韓非子者，雖有總攬三大思潮之觀，而實商君之嫡系也。法律實以道德爲根原，而彼乃以法律統攝道德，不復留有餘地，且於人類所以集合社會所以發生道理法律之理，漠不加察，乃以君主爲法律道德之創造者，故其揭明公德，雖足以救儒家之弊，而自君主以外，無所謂自由，且爲君主者以術馭吏，以刑齊民，日以心鬭，以爲社會謀旦夕之平和。然外界之平和。雖若可以强制。而內界之俶擾益甚。秦用其說。而民不聊生。所謂萬能之君主。亦卒無以自全其身家。非偶然也。故韓非子之說。雖有可取。而其根本主義。則直不容於倫理界者也。

第一期結論　吾族之始建國也。以家族爲模型。又以其一族之文明。同化異族。故一國猶一家也。一家之中。父兄更事多。常能以其所經驗者指導子弟。一國之中。政府任事專。故亦能以其所經驗者指導人民。父兄之責。在躬行道德以範子弟。而著其條目於家教。子弟有不帥教者責之。政府之責。在躬行道德以範人民。而著其條目於禮。人民有不帥教者罰之。（孔子所謂道之以德。齊之以禮是也。古者未有道德法律之界說。凡條舉件繫者。皆以禮名之。至禮記所謂禮不下庶人。則別一義也。）故政府猶父兄也。（惟父兄不德。子弟惟怨慕而已。如舜之號泣於旻天是也。政府不德。則人民得別有所擁戴以代之。如湯武之革命是也。然此皆變例。）人民常抱有稟承道德於政府之觀念。而政府之所謂道德。雖推本自然。致近於動機論之理想。而所謂天命有禮天討有罪。則實毗於功利論也。當虞夏之世。天災流行。實業未興。政府不得不偏重功利。其時所揭者曰正德利用厚生。利用厚生者。勤儉之德。正德者。中庸之德也。（如皋陶所言之九德是也。）洎乎周代。家給人類。人類公性。不能以體魄之快樂自饜。恆欲進而求精神之幸福。周公承之制禮作樂。禮之用方以智。樂之用圓而神。右文增美。尚禮讓。斥奔競。其建都於洛也。曰。使有德者易以興。無德者易以亡。其尚公如此。蓋於不知不識間。循時勢之推移。偏毗於動機論而排斥功利論矣。然此皆歷史中遞嬗之事實。而未立爲學說也。管子鑒周治之弊而矯之。始立功利論。然其所謂下令如流水之原。令順民心。則參以動機論者也。老子苦禮法之拘。而言大道。始立動機論。而其所持柔弱勝剛强之見。則猶未能脫功利論之範圍也。商君韓非子承管子之說。而立純粹之功利論。莊子承老子之說。而立純粹之動機論。是爲周代倫理學界之大革命家。惟商韓之功利論。偏重刑罰。僅有消極之一作用。而政府萬能。壓束人民。不近人情。尤不合於我族歷史所孳生之心理。故其說不能久行。而惟野心之政治家陰利用之。莊子之動機論。幾超絕物質世界而專求精神之幸福。非舉當日一切家族社會國家之組織而悉改造之。不足以普及其學說。尤與吾族父兄政府之觀念相衝突。故其說不特恆爲政治家所排斥。而亦無以得普通人之信用。惟遯世之士頗尋味之。（漢之政治家言黃老不言老莊以此。）其時學說。循歷史之流委。而組織之者。爲儒墨二家。惟墨子紹述夏商以挽周弊。其兼愛主義。雖可以質之百世而不惑。而其理論則專以果効爲言。純然功利論之範圍。又以鬼神之禍福脅誘之。於人類所以能互相愛利之故。未之詳也。而維循當日社會之組織。使人之克勤克儉。互相協助。以各保其生命。而亦不必有陶淑性情之作用。此必非文化已進之民族所能堪。故其說惟平凡之慈善家頗宗尙之。（如漢之太上感應篇。雖託於神仙家。而實爲墨學。明人所傳之陰隲篇功過格等。皆其流也。）惟儒家之言。本周公遺意。而兼採唐虞夏商之古義。以調燮之。理論實踐。無在而不用折衷主義。推本性道。以勵志士。先制恆產。乃敎凡民。此折衷於動機論與功利論之間者也。以禮節奢。以樂易俗。此折衷於文質之間者也。子爲父隱。而吏不撓法。（如孟子言舜爲天子而瞽瞍殺人。則皐陶執之。舜亦不得而禁之。）此折衷於公德私德之間者也。人民之道德。稟承於政府。而政府之變置。則又標準於民心。此折衷於政府人民之間者也。敬恭祭祀而不言神怪。此折衷於人鬼之間者也。雖其哲學之閎深。不及道家。法理之精覈。不及法家。人類平等之觀念。不及墨家。又其所謂折衷主義者。不以至精之名學爲基本。時不免有依違背施之迹。故不免爲近世學者所攻擊。然周之季世。吾族承唐虞以來二千年之進化。而凝結以爲社會心理者。實以此種觀念爲大多數。此其學說所以雖小挫於秦。而自漢以後。卒爲吾族倫理界不祧之宗。以至於今日也。

第二期　漢唐繼承時代

第一章　總說

漢唐間之學風　周季處士橫議。百家並興。焚於秦。罷黜於漢。諸子之學說熸矣。儒術爲漢所尊。而治經者收拾燼餘。治故訓不暇給。魏晉以降。又遘亂離。學者偸生其間。無遠志。循時勢所趨。爲經儒。爲文苑。或淺嘗印度新思想。爲清談。唐興。以科舉之招。尤羣趨於文苑。以倫理學言之。在此時期。學風最爲頹靡。其能立一家言。占價値於倫理學界者。無幾焉。

儒教之託始　儒家言。純然哲學家政治家也。自漢武帝表章之。其後郡國立孔子廟。歲時致祭。學說有背於孔子者。得以非聖無法罪之。於是儒家具有宗教之形式。漢儒以災異之說。符讖之文。糅入經義。於是儒家言亦含有宗教之性質。是爲後世儒教之名所自起。

道教之託始　道家言。純然哲學家也。自周季。燕齊方士。本上古巫醫雜糅之遺俗。而創爲神仙家言。以道家有全性葆眞之說。則援傅之以爲理論。漢武罷黜百家。而獨好神仙。則道家言益不得不寄生於神仙家以自全。於是演而爲服食。漫而爲符籙。而道家遂具宗教之形式。後世有道教之名焉。

佛教之流入　漢儒治經。疲於故訓。不足以饜穎達之士。儒家大義。經新莽曹魏之依託。而使人懷疑。重以漢世外戚宦寺之禍。正直之士。多遭慘禍。而漢季人民。酷罹兵燹。激而生厭世之念。是時適有佛教流入。其哲理契合老莊。而尤爲邃博。足以饜思想家。其人生觀有三世應報諸說。足以慰藉不聊生之民。其大乘義。有體象同界之說。又無忤於服從儒教之社會。故其教遂能以種種形式。流布於我國。雖有墟寺殺僧之暴主。廬居火書之建議。而不能滅焉。

三教並存而儒教終爲倫理學之正宗　道釋二家。雖皆占宗教之地位。而其理論方面。範圍于哲學。其實踐方面。則辟穀之方。出家之法。僅爲少數人所信從。而其他送死之儀。祈禱之式。雖竄入於儒家禮法之中。然亦有增附而無衝突。故在此時期。雖確立三教並存之基礎。而普通社會之倫理學。則猶是儒家言焉。

第二章　淮南子

漢初懲秦之敗。而治尚黃老。是爲中部思潮之反動。而傾於南方思想。其時叔孫通采秦法。制朝儀。賈誼鼂錯治法家言。治道。雖稍稍繹中部思潮之墜緒。其言多依違儒術。適足爲武帝時獨尊儒術之先驅。武帝以後中部思潮。潛伏於北方思潮之中。而無可標揭。南部思潮。則蕭然自處於政治界之外。

而以其哲理調和於北方思想焉。漢宗室中。河閒獻王王於北方。脩經術。爲北方思想之代表。而淮南王安王於南方。著書言道德及神仙黃白之術。爲南方思想之代表焉。

小傳　淮南王安。淮南王長之子也。長爲文帝弟。以不軌失國。夭死。文帝三分其故地。以王其三子。而安爲淮南王。安既之國。行陰德。拊循百姓。招致賓客方術之士數千人。以流名譽。景帝時。與於七國之亂。及敗。遂自殺。

著書　安嘗使其客蘇飛。李尙。左吳。田由。雷被。毛被。何被。晉昌等八人。及諸儒大山小山之徒。講論道德。爲內書二十一篇。爲外書若干卷。又別爲中篇八卷。言神仙黃白之術。亦二十餘萬言。其內書號曰鴻烈。高誘曰。鴻者大也。烈者明也。所以明大道也。劉向校定之。名爲淮南內篇。亦名劉安子。而其外書及中篇皆不傳。

南北思想之調和　南北兩思潮之大差別。在北人偏於實際。務證明政治道德之應用。南人偏於理想。好以世界觀演繹爲人生觀之理論。皆不措意於差別界及無差別界之區畔。故常滋聚訟。苟循其本。固非不可以調和者。周之季。嘗以中部思潮爲紹介。而調和於應用一方面。及漢世。則又有於理論方面調和之者。淮南子揚雄是也。淮南子有見於老莊哲學。專論宇宙本體。而略於研究人性。故特揭性以爲教學之中心。而謂發達其性。可以達於絕對界。此以南方思想爲根據。而輔之以北方思想者也。揚雄有見於儒者之言。雖本現象變化之規則。而推演之於人事。而於宇宙之本體。未遑研究。故擷取老莊哲學之宇宙觀。以說明人性之所自。此以北方思想爲根據。而輔之以南方思想者也。二者。取徑不同。而其爲南北思想理論界之調人則一也。

道　淮南子以道爲宇宙之代表。本於老莊。而以道爲能調攝萬有包含天則。則本於北方思想。其於本體現象之間。差別界無差別界之限。亦稍發其端倪。故於原道訓言之曰。夫道者。覆天載地。廓四方。析八極。高不可際。深不可測。包裹天地。稟授無形。虛流泉浡。沖而徐盈。混混滑滑。濁而徐淸。故植之而塞天地。橫之而彌四海。施之無窮。而無朝夕。舒之而幎六合。卷之而不盈一握。約而能張。幽而能明。弱而能强。柔而能剛。橫四維。含陰陽。紘宇宙。章三光。甚淖而滒。甚纖而微。山以之高。淵以之深。獸以之走。鳥以之飛。日月以之明。星曆以之行。麟以之遊。鳳以之翔。泰古二皇。得道之柄。立於中央。神與化遊。以撫四方。雖然。道之作用。主於結合萬有。而一切現象。爲萬物任意之運動。則皆消極者。而非積極者。故曰。夫有經紀條貫。得一之道。而連千枝萬葉。是故貴有以行令。賤有以忘卑。貧有以樂業。困有以處危。所以然者何耶。無他、道之本體、虛靜而均、使萬物復歸於同一之狀態者也、故曰、太上之道、生萬物而不有、成化像而不宰、跂行喙息、蠉飛蝡動、待之而後生、而不之知德、待之而後死、而不之能怨、得以利而不能譽、用以敗而不能非、收聚蓄積而不加富。旋縣而不可究、纖微而不可勤、累之而不高、隨之而不下、雖益之而不衆、雖損之而不寡、雖斲之而不薄、雖殺之而不殘、雖鑿之而不深、雖塡之而不淺、忽兮怳兮、不可爲象、怳兮忽兮、用而不屈。幽兮冥兮、應於無形、遂兮洞兮、虛而不動、卷歸剛柔、俯仰陰陽、

性　道旣虛靜、人之性何獨不然、所以擾之使不得虛靜者、知也、虛靜者天然、而知則人爲也、故曰、人生而靜、天之性也、感而後動、性之害也、物至而應之、知之動也、知與物接、而好憎生、好憎成形、知誘於外、而不能反己、天理滅矣、於是聖人之所務、在保持其本性而勿失之、故又曰、達其道者不以人易

天。外化物而內不失其情。至無而應其求。時騁而要其宿。小大修短。各有其是。萬物之至也。騰踴肴亂。不失其數。

性與道合　虛靜者。老莊之理想也。然自昔南方思想家。不於宇宙間認有人類之價值。故不免外視人性。而北方思想家子思之流。則頗言性道之關係。如中庸諸篇是也。淮南子承之而立性道符同之義。曰清淨恬愉。人之性也。以道家之虛靜。代中庸之誠。可謂巧於調節者。其齊俗訓之言。曰率性而行之之謂道。得於天性之謂德。卽中庸所謂率性之爲道修道之爲敎也。於是以性爲純粹具足之體。苟不爲外物所蔽。則可以與道合一。故曰。夫素之質白。染之以涅則黑。縑之性黃。染之以丹則赤。人之性無邪。久湛於俗則易。易則忘本而若合於性。故日月欲明。浮雲蔽之。河水欲清。沙石穢之。人性欲平。嗜慾害之。惟聖人能遺物而已。夫人乘船而惑。不知東西。見斗極而悟。性。

亦人之斗極也。有以自見則不失物之情。無以自見。則動而失營。

修爲之法　承子思之性論而立性善論者。孟子也。孟子揭修爲之法。有積極消極二義。養浩然之氣及求放心是也。而淮南子旣以性爲純粹具足之體。則有消極一義而已足。以爲性者。無可附加。惟在去欲以反性而已。故曰。爲治之本務在安民。安民之本在足用。足用之本在無奪時。無奪時之本在省事。省事之本在節欲。節欲之本在反性。反性之本在去載。去載則虛。虛則平。平者。道之素也。虛者。道之命也。能有天下者。必不喪其家。能治其家者。必不遺其身。能修其身者。必不忘其心。能原其心者。必不虧其性。能全其性者。必不惑於道。載者。浮華也。卽外界誘惑之物。能刺激人之嗜欲者也。然淮南子亦以欲爲人性所固有而不能絕對去之。故曰。聖人勝於心。衆人勝於欲。君子行正氣。小人行邪氣。內便於性。外合於義。循理而動。不繫於殉。正氣也。

重滋味。淫聲色。發喜怒。不顧後患者。邪氣也。邪與正相傷。欲與性相害。不可兩立。一置則一廢。故聖人損欲而從事於性。目好色。耳好聲。口好味。接而說之。不知利害。嗜欲也。食之而不寧於體。聽之不而合於道。視之而不便於性。三宮交爭。以義爲制者。心也。痤疽非不痛也。飮毒藥非不苦也。然而爲之者。便於身也。渴而飮水。非不快也。飢而大食。非不澹也。然而不爲之者。害於性也。四者。口耳目鼻。不知取去。心爲之制。各得其所。由是觀之。欲之不可勝也明矣。凡治身養性。節寢處。適飮食。和喜怒。便動靜。得之在己。則邪氣因而不生。又曰。情適於性。則欲不過節。然則淮南子之意。固以爲欲不能盡滅。惟有以節之。使不至生邪氣以害性而已。蓋欲之適性者。合於自然。其不適於性者。則不自然。自然之欲可存。而不自然之欲。不可不勉去之。

善卽無爲　淮南子以反性爲修爲之極。則故以無爲爲至善。曰。所謂善者。

靜而無爲也。所爲不善者。躁而多欲也。適情辭餘。無所誘惑。循性保眞而無變。故曰。爲善易。越城郭。踰險塞。姦符節。盜管金。篡殺矯誣。非人之性也。故曰。爲不善難。

理想之世界　淮南子之性善說。本以老莊之宇宙觀爲基礎。故其理想之世界。與老莊同。曰。性失然後貴仁。過失然後貴義。是故仁義足而道德遷。禮樂餘則純樸散。是非形則百姓昡。珠玉尊則天下爭。凡四者。衰世之道也。末世之用也。又曰。古者民童蒙。不知東西。貌不羨情。言不溢行。其衣致煖而無文。其兵戈銖而無刃。其歌樂而不轉。其哭哀而無聲。鑿井而飲。耕田而食。無所施其美。亦不求得。親戚不相毀譽。朋友不相怨德。及禮義之生。貨財之貴。而詐僞萌興。非譽相紛。怨德並行。於是乃有曾參孝己之美。生盜跖莊蹻之邪。故有大路龍旂羽蓋垂纓結駟連騎。則必有穿窬折揵抽箕踰備之姦。有詭文繁繡弱裼羅紈。則必有營躊跐踦短裼不完。故高下之相傾也。短修之相形也。明矣。其言固亦有倒果爲因之失。然其意以社會之罪惡。起於不平等。又謂至治之世。無所施其美。亦不求得。則名言也。

性論之矛盾　淮南子之書。成於衆手。故其所持之性善說。雖如前述。而間有自相矛盾者。曰。身正性善。發憤而爲仁。帽憑而爲義。性命可說。不待學問而合於道者。堯舜文王也。沈湎耽荒。不能教以道者。丹朱商均也。曼頰皓齒。形夸骨徠。不待脂粉芳澤而可性說者。西施陽文也。啳𪘏哆噅。籧蒢戚施。雖粉白黛黑。不能爲美者。嫫母仳倠也。夫上不及堯舜。下不及商均。美不及西施。惡不及嫫母。是敎訓之所諭。然則人類特殊之性。有偏於善惡兩極而不可變。如美醜爲者。常人列於其間。則待教而爲善。是卽孔子所謂性相近。惟上知與下愚不移者也。淮南子又常列舉堯舜禹文王皋陶啓契史皇羿九人之特性而論之曰．是九賢者．千歲而一出．猶繼踵而生．今無五聖之天奉．四俊之才難．而欲棄學循性．是猶釋船而欲蹷水也．然則常人又不可以循性．亦與其本義相違者也．

結論　淮南子之特長．在調和儒道兩家．而其學說．則大抵承前人所見而闡述之而已．其主持性善說．而不求其與性對待之欲之所自出．亦無以異於孟子也．

第三章　董仲舒

小傳　董仲舒．廣川人．少治春秋．景帝時．爲博士．武帝時．以賢良應舉．對策稱旨．武帝復策之．仲舒又上三策．卽所謂天人策也．歷相江都王膠西王．以病免．家居著書以終．

著書　天人策爲仲舒名著．其第三策．請滅絕異學．統一國民思想．爲武帝所採用。遂尊儒術爲國教。是爲倫理史之大紀念。其他所著書。有所謂春秋繁露玉杯竹林之屬。其詳已不可考。而傳於世者號曰春秋繁露。蓋後儒所綴集也。其間雖多有五行災異之說。而關於倫理學說者亦頗可考見云。

純粹之動機論　仲舒之倫理學。專取動機論。而排斥功利說。故曰。正其義不謀其利。明其道不計其功。此爲宋儒所傳誦。而大占勢力於倫理學界者也。

天人之關係　仲舒立天人契合之說。本上古崇拜自然之宗教而敷張之。以爲蹤跡吾人之生系。自父母而祖父母而曾父母。又遞推而上之。則不能不推本於天。然則人之父卽天也。天者。不特爲吾人理法之標準。而實有血族之關係。故吾人不可不敬之而法之。然則天之可法者何在耶。曰。天覆育萬物。化生而養成之。察天之意。無窮之仁也。天常以愛利爲意。以養爲事。又曰。天生之以孝悌。無孝悌則失其所以生。地養之以衣食。無衣食則失其所以養。人成之以禮樂。無禮樂則失其所以成。言三才之道惟一。而宇宙究極之理想。不外乎道德也。由是以人爲一小宇宙。而自然界之變異。無不與人事相應。蓋其說頗近於墨子之有神論。而其言天以愛利爲道。亦本於墨子也。

性　仲舒既以道德爲宙宇全體之歸宿。似當以人性爲絕對之善。而其說乃不然。曰。禾雖出米。而禾未可以爲米。性雖出善。而性未可以爲善。繭雖有絲。而繭非絲。卵雖出雛。而卵非雛。故性非善也。性者。禾也。卵也。繭也。卵待復而後爲雛。繭待練而後爲絲。性待教訓而後能善。善者。教誨所使然也。非質樸之能至也。然則性可以爲善。而非卽善也。故又駁性善說曰。循三綱五紀。通八端之理。忠信而博愛。敦厚而好禮。乃可謂善。是聖人之善也。故孔子曰善人吾不得而見之，得見有恆者斯可矣。由是觀之。聖人之所謂善。亦未易也。善於禽獸。非可謂善也。又曰。天地之所生謂之性情。情與性一也。暝情亦性也。謂性善。則情奈何。故聖人不謂性善。以累其名。身之有性情也。猶天之有陰陽也。言人之性而無情。猶言天之陽而無陰也。仁貪兩者皆自性出。必不可以一名之也。

性論之範圍　仲舒以孔子有上知下愚不移之說。則從而爲之辭曰。聖人之性。不可以名性。斗筲之性。亦不可以名性。性者中民之性也。是亦開性有三品說之端者也。

敎　仲舒以性必待敎而後善。然則敎之者誰耶。曰在王者。在聖人。蓋即孔子之所謂上知不待敎而善者也。故曰天生之。地載之。聖人敎之。君者民之心也。民者君之體也。心之所好。天必安之。君之所命。民必從之。故君民者貴孝悌。好禮義。重仁廉。輕財利。躬親職此於上。萬民聽而生善於下。故曰。先王以教化民。

仁義　仲舒之言修身也。統以仁義。近於孟子。惟孟子以仁爲固有之道德性。而以義爲道德法則之認識。皆以心性之關係言之。而仲舒則自其對於人我之作用而言之。蓋本其原始之字義以爲說者也。曰。春秋之所始者。人與我也。所以治人與我者。仁與義也。仁以安人。義以正我。故仁之爲言人也。義之爲言我也。言名以別。仁之於人。義之於我。不可不察也。衆人不察。乃反以仁自裕。以義設人。絕其處。逆其理。鮮不亂矣。又曰。春秋爲仁義之法。仁之法在愛人。不在愛我。義之法在正我。不在正人。我不自正。雖能正人。而義不予。不被澤於人。雖厚自愛。而仁不予。

結論　仲舒之倫理學說。雖所傳不具。而其性論。不毗於善惡之一偏。爲漢唐諸儒所莫能外。其所持純粹之動機論。爲宋儒一二學派所自出。於倫理學界頗有重要之關係也。

第四章　揚雄

小傳　揚雄。字子雲。蜀之成都人。少好學。不爲章句訓詁。而博覽好深湛之思。爲人簡易淸淨。不汲汲於富貴。哀帝時。官至黃門郎。王莽時。被召爲大夫。以天鳳七年卒。年七十一。

著書　雄嘗治文學及言語學。作詞賦及方言訓纂篇等書。晚年。專治哲學。仿易傳著太玄。仿論語著法言。太玄者。屬於理論方面。論究宇宙現象之原理。及其進動之方式。法言者。屬於實際方面。推究道德政治之法則。其倫理學說。大抵見於法言云。

玄　揚雄之倫理學說。與其哲學有密切之關係。而其哲學。則融會南北思潮而較淮南子更明晳更切實也。彼以宇宙本禮爲玄。卽老莊之所謂道也。而又進論其動作之一方面。則本易象中現象變化之法則。而推闡爲各現象公動之方式。故如其說。則物之各部分。與其全體。有同一之性質。宇宙間發生人類。人類之性。必同於宇宙之性。今以宇宙之本體爲玄。則人各爲一小玄體。而其性無不具有玄之特質矣。然則所謂玄者如何耶。曰。玄者。幽攡萬物而不見形者也。資陶萬物而生規。攡神明而定摹。通古今以開類。攡指陰陽以發氣。一判一合。天地備矣。天日迴行。剛柔接矣。還復其所。始終定矣。一生一死。性命瑩矣。仰以觀象。俯以觀情。察性知命。原始見終。三儀同科。厚薄相劘。圓者杌隉。方者嗇吝。噓者流體。唫者凝形。蓋玄之本體。雖爲虛靜。而其中包有實在之動力。故動而不失律。蓋消長二力。並存於本體。而得保其鈞衡。故本體不失其爲虛靜。而兩者之潛勢力。亦常存而不失焉。

性　玄既如是。性亦宜然。故曰。天降生民。倥侗顓蒙。謂乍觀之。不過無我無知之狀也。然玄之中。由陰陽之二動力互相攝而靜定。則性之中。亦當有善惡之二分子。具同等之强度。如中性之水。非由蒸氣所成。而由於酸鹻兩性之均衡也。故曰。人之性也善惡混。修其善則爲善人。修其惡則爲惡人。氣也者。適於善惡之馬也。雄所謂氣。指一種衡動之能力。要亦發於性而非在性以外者也。然則雄之言性。蓋折衷孟子性善荀子性惡之二說而爲之。而其玄論亦較孟荀爲圓足焉。

性與爲　人性者。一小玄也。觸於外力。則氣動而生善惡。故人不可不善馭其氣。於是修爲之方法尚已。

修爲之法　或問何如斯謂之人。曰。取四重。去四輕。何謂四重。曰。重言。重行。重貌。重好。言重則有法。行重則有德。貌重則有威。好重則有歡。何謂四輕。曰。

言輕則招憂．行輕則招辜．貌輕則招辱．好輕則招淫．其言不能出孔子之範圍．揚雄之學．於實踐一方面．全襲儒家之舊．其言曰．老子之言道德也．吾有取焉．其槌提仁義．絕滅禮樂．吾無取焉．可以觀其概矣．

模範　雄以人各爲一小玄．故修爲之法．不可不得師．得其師．則久而與之類化矣．故曰．勤學不若求師．師者．人之模範也．曰．螟蠕之子．殪而遇蜾蠃．蜾蠃見之．曰．類我類我．久則肖之．速矣哉．七十子之似仲弓也．或問人可鑄與．曰．孔子嘗鑄顏回矣．

結論　揚雄之學說．以性論爲最善．而於性中潛力所由以發動之氣．未嘗說明其性質．是其性論之缺點也．

第五章　王充

漢代　自董揚以外．著書立言．若劉向之說苑新序．桓譚之新論．荀悅之中鑑以至徐幹之中論。皆不愧爲儒家言。而無甚創見。其抱革新之思想。而敢與普通社會奮鬬者。王充也。

小傳　王充字仲任。上虞人。師事班彪。家貧無書。常游洛陽市肆。閱所賣書。遂博通衆流百家之言。著論衡八十五篇。養性書十六篇。今所傳者惟論衡云。

革新之思想　漢儒之普通思想。爲學理進步之障者二。曰迷信。曰尊古。王充對於迷信。有變虛。異虛。感虛。福虛。禍虛。龍虛。雷虛。道虛等篇。於一切陰陽災異及神仙之說。掊擊不遺餘力。一以其所經驗者爲斷。粹然經驗派之哲學也。其對於尊古。則有刺孟。非韓。問孔。諸篇。雖所舉多無關宏旨。而要其不阿所好之精神。有可取者。

無意志之宇宙論　王充以人類爲比例。以爲凡有意志者必有表見其意志之機關。而宇宙則無此機關。則斷爲無意志。故曰。天地者。非有爲者也。凡有爲者有慾。而表之以口眼者也。今天者如雲霧。地者其體土也。故天地無口眼。而亦無爲。

萬物生於自然　宇宙本無意志。僅爲渾然之元氣。由其無意識之動。而天地萬物。自然生焉。王充以此意駁天地生萬物之舊說。曰。凡所謂生之者。必有手足。今云天地生之。而天地無有手足之理。故天地萬物之生。自然也。

氣與形形與命　天地萬物。自然而生。物之生也。各稟有一定之氣。而所以維持其氣者。不可不有相當之形。形成於生初。而一生之運命及性質。皆由是而定焉。故曰。俱稟元氣。或爲禽獸。或爲人。或貴或賤。或貧或富。非天稟施有左右也。人物受性。有厚薄也。又曰。器形既成。不可小大。人體已定。不可減增。用氣爲性。性成命定。體氣與形骸相抱。生死與期節相須。又曰。其命富

者。筋力自强。命貴之人。才智自高（彪班嘗作王命論。充師事彪。故亦言有命）

骨相　人物之運命及性質。皆定於生初之形。故觀其骨相。而其運命之吉凶。性質之美惡。皆得而知之。其所舉因骨相而知性質之證例。有曰。越王句踐長頸烏喙。苑蠡以爲可與共憂患而不可與共安樂。秦始皇隆準長耳鷹胸犀聲。其性殘酷而少恩云。

性　王充之言性也。綜合前人之說而爲之。彼以爲孟子所指爲善者。中人以上之性。如孔子之生而好禮是也。荀子所指爲惡者。中人以下之性。少而無推讓之心者是也。至揚雄所謂善惡混者。則中人之性也。性何以有善惡。則以其稟氣有厚薄多少之別。稟氣尤厚尤多者。恬淡無爲。獨肖元氣。是謂至德之人。老子是也。由是而遞薄遞少。則以漸不肖元氣焉。蓋王充本老莊之義。而以無爲爲上德云。

惡　王充以人性之有善惡。由於稟氣有厚薄多少之別。此所謂惡。蓋僅指其不能爲善之消極方面言之。故以爲稟氣少薄之故。至於積極之惡。則又別舉其原因焉。曰。萬物有毒之性質者。由太陽之熱氣而來。如火煙入眼中。則眼傷。火者。太陽之熱所變也。受此熱氣最甚者。在蟲爲蜂。在草爲䓣。巴豆。冶。在魚爲鮭。鮗。鮁。在人爲小人。然則充之意。又以爲元氣中含有毒之分子。而以太陽之熱氣代表之也。

結論　王充之特見。在不信漢儒天人感應之說。其所言人之命運及性質與骨相相關。頗與近世惟物論。以精神界之現象悉推本於生理者相類。在當時不可謂非卓識。惟彼欲以生初之形。定其一生之命運及性質。而不悟體育及智德之敎育。於變化體質及精神。皆有至大之勢力。則其所短也。要之充實爲代表當時思想之一人。蓋其時人心已厭倦於經學家天人感應五行災異之說。又將由北方思潮而嬗於南方思想。故其時桓譚馮衍。皆不言讖。而王充有變虛異虛諸篇。且以老子爲上德。由是而進。則南方思想愈熾。而魏晉淸談家興焉。

第六章　淸談家之人生觀

自漢以後。儒學既爲倫理學界之律貫。雖不能人人實踐。而無敢昌言以反對之者。不特政府保持之力。抑亦吾民族由習慣而爲遺傳性。又由遺傳性而演爲習慣。往復於儒教範圍中。迭爲因果。其根柢深固而不可搖也。其間偶有一反動之時代。顯然以理論抗之者。爲魏晉以後之淸談家。其時雖無成一家之言者。而於倫理學界。實爲特別之波動。故鈎稽事狀。綴輯斷語。而著其人生觀之大略焉。

起原　清談家之所以發生於魏晉以後者。其原因頗多。（一）經學之反動。漢儒治經。囿於詁訓章句。牽於五行災異。而引以應用於人事。積久而高明之士。頗厭其拘迂。（二）道德界信用之失。漢世以經明行修孝廉方正等科選舉吏士。不免有行不副名者。而儒家所崇拜之堯舜周公。又迭經新莽魏文之假託。於是憤激者。遂因而懷疑於歷史之事實。（三）人生之危險。漢代外戚宦官。更迭用事。方正之士。頻遭慘禍。而無救於危亡。由是兵亂相尋。賢愚貴賤。均有朝不保夕之勢。於是維持社會之舊學說。不免視爲贅旒。（四）南方思想潛勢力之發展。漢武以後。儒家言雖因緣政府之力。占學界統一之權。而以其略於宇宙論之故。高明之士。採以自饜。故老莊哲學。終潛流於思想界而不滅。揚雄當儒學盛行時。而著書兼採老莊。是其證也。及王充時。潛流已稍稍發展。至於魏晉。則前之三因。已達極點。思想家不能不拨老莊方外之觀以自慰。而其流遂漫衍矣。（五）佛敎之輸入。當此思想界搖動之時。而印度之佛敎。適乘機而輸入。其於厭苦現世超度彼界之觀念。尤爲持之有故而言之成理。於是大爲南方思想之助力。而清談家之人生觀出焉。

要素　清談家之思想。非截然舍儒而合於道佛也。彼蓋滅裂而雜糅之。彼以道家之無爲主義爲本。而於佛敎則僅取其厭世思想。於儒家則留其階級思想。（階級思想者。源於上古時百姓黎民之分。孔孟則謂之君子小人。經秦而其蹟已泯。然人類不平等之思想。遺傳而不滅。觀東晉以後之言門第可知也。）及有命論。（夏道尊命。其義歷商周而不滅。孔子雖號罕言命。而常有有命知命俟命之語。惟儒家言命。其使人克盡義務。而不爲境遇所移。漢世不遇之士。則藉以寄其怨憤。至王充而引以合於道家之無爲主義。

則淸談家所本也。）有階級思想。而道佛兩家之人類平等觀。儒佛兩家之利他主義。皆以爲不相容而去之。有厭世思想。則儒家之克己。道家之淸淨。以至佛敎之苦行。皆以爲徒自拘苦而去之。有命論及無爲主義。則儒家之積善。佛敎之濟度。又以爲不相容而去之。於是其所餘之觀念。自等也。厭世也。有命而無可爲也。遂集合而爲苟生之惟我論。得以僞列子之楊朱篇代表之。（楊朱篇雖未能確指爲何人所作。然以其理論與淸談家之言行正相符合。故假定爲淸談家之學說。）略叙其說於左。

人生之無常　楊朱篇曰。百年者。壽之大齊。得百年者千不得一。設有其一。孩抱以逮昏老。夜眠之所弭者。或居其半。晝覺之所遺者。又幾居其半。痛疾哀苦亡失憂懼。又或居其半。量十數年之中。逌然自得。無介焉之慮者。曾幾何時。人之生也。奚爲哉。奚樂哉。曰。十年亦死。百年亦死。生爲堯舜。死則腐骨。

生爲桀紂。死亦腐骨。一而已矣。言人生至短至弱。無足有爲也。阮籍之大人先生傳。用意略同。曰。天地之永固。非世俗之所及。往者天在下。地在上。反覆顚倒。未之安固。焉能不失律度。天固地動。山陷川起。雲散震壞。六合失理。汝又焉得擇地而行。趨步商羽。往者祥氣爭存。萬物死慮。支體不從。身爲泥土。根拔枝除。咸失其所。汝又安得束身修行。磬折抱鼓。李牧有功而身死。伯宗忠而世絕。進而求利以喪身。營爵賞則家滅。汝又焉得金玉萬億。挾紙奉君上全妻子哉。要之以有命爲前提。而以無爲爲結論而已。

從欲　彼所謂無爲者。謂無所爲而爲之者也。無所爲而爲之。則如何。曰。視吾力之所能至。以達吾意之所向而已。楊朱篇曰。太古之人。知生之暫來。而死之暫去。故從心而不違自然。又曰。恣耳之所欲聽。恣目之所欲視。恣鼻之所欲向。恣口之所欲言。恣體之所欲安。恣意之所欲行。耳所欲聞者音聲。而不得聽之。謂之閼聰。目所欲見者美色。而不得見之。謂之閼明。鼻所欲向者椒蘭。而不得嗅之。謂之閼顫。口所欲道者是非。而不得言之。謂之閼智。體所欲安者美厚。而不得從之。謂之閼適。意所欲爲者放逸。而不得行之。謂之閼往。凡是諸閼。廢虐之主。去廢虐之主。則熙熙然以俟死。一日一月。一年十年。吾所謂養也。(卽養生)拘於廢虐之主。錄而不舍。戚戚然以久生。雖至百年千年萬年。非吾所謂養也。又設爲事例以明之曰。子產相鄭。其兄公孫朝好酒。弟公孫穆好色。方朝之縱於酒也。不知世道之安危。人理之悔吝。室內之有亡。親族之親疏。存亡之哀樂。水火兵刃。雖交於前而不知。方穆之耽於色也。屏親昵。絕交遊。子產戒之。朝穆二人對曰。凡生難遇而死易及。以難遇之生。俟易及之死。孰當念哉。而欲尊禮義以夸人。矯情性以招名。吾以此爲不若死。而欲盡一生之歡。窮當年之樂。惟患腹溢而口不得恣飲。力憊而不得肆情於色。豈暇憂名聲之醜性命之危哉。淸談家中。如阮籍劉伶畢卓之縱酒王澄謝鯤等之以任放爲達。不以醉裸爲非。皆由此等理想而演繹之者也。

排聖哲　楊朱篇曰。天下之美。歸之舜禹周孔。天下之惡。歸之桀紂。然而舜者。天民之窮毒者也。禹者天民之憂苦者也。周公者。天民之危懼者也。孔子者。天民之遑遽者也。凡彼四聖。生無一日之歡。死有萬世之名。名固非實之所取也。雖稱之而不知。雖賞之而不知。與株塊奚以異。桀者。天民之逸蕩者也。紂者。天民之放縱者也。之二凶者。生有從欲之歡。死有愚暴之名。實固非名之所與也。雖毀之而不知。雖稱之而不知。與株塊奚以異。此等思想。蓋爲漢魏晉間簒弑之歷史所激而成者。如莊子感於田恆之盜齊。而言聖人之言仁義適爲大盜積者也。嵇康自言嘗非湯武而薄周孔亦其義也。此等問題。苟以社會之大。歷史之久。比較而探究之。自有其解決之道。如孟子莊子是也。而清談家則僅以一人及人之一生爲範圍。於是求其說而不可得。則不得不委之於命。由懷疑而武斷。促進其厭世之思想。惟從欲以自放而已矣。

舊道德之放棄　楊朱篇曰。忠不足以安君。而適足以危身。義不足以利物。而適足以害生。安上不由忠而忠名滅。利物不由義而義名絕。君臣皆安物而不兼利。古之道也。此等思想。亦迫於正士不見容而發。然亦由懷疑而武斷。而出於放棄一切舊道德之一途。阮藉曰。禮豈爲我輩設。卽此義也。曹操之枉奏孔融也。曰。融與白衣禰衡。跌蕩放言。云。父之於子。當有何親。論其本意。實爲情欲發耳。子之於母。亦復奚爲。譬如寄物瓶中。出則離矣。此等語。相傳爲路粹所虛構。然使路粹不生丁是時。則亦不能忽有此意識。又如謝安

曰。子弟亦何預人事。而欲使其佳。謝玄曰。如芝蘭不樹。欲其生於庭階耳。此
亦足以窺當時思想界之一斑也。

不爲惡　彼等無在而不用其消極主義。故放棄道德。不爲善也。而亦不肯爲惡。范滂之罹禍也。語其子曰。我欲令汝爲惡。則惡不可爲。復令汝爲美。則我不爲惡。蓋此等消極思想。已萌芽於漢季之清流矣。楊朱篇曰。生民之不得休息者。四事之故。一曰壽。二曰名。三曰位。四曰貨。爲是四者。畏鬼。畏人。畏威。畏形。此之謂遁人。可殺可活。制命者在外。不逆命。何羨壽。不矜貴。何羨名。不要勢。何羨位。不貪富。何羨貨。此之謂順民。又曰。不見田父乎。晨出夜入。自以性之恆。啜菽茹藿。自以味之極。肌肉麤厚。筋節踡急。一朝處以柔毛綈幕。薦以粱肉蘭橘。則心痛體煩。而內熱生病。使商魯之君。處田父之地。亦不盈一時而憊。故野人之安。野人之美也。天下莫過焉。彼等由有命論無爲論而

演繹之。則爲安分知足之觀念。故所謂從欲焉者。初非縱欲而爲非也。

排自殺　厭世家易發自殺之意識。而彼等持無爲論。則亦反對自殺。楊朱篇曰。孟孫陽曰。若是。則速亡愈於久生。踐鋒刃。人湯火。則得志矣。楊子曰。不然。生則廢而任之。究其所欲。以放於盡。無不廢焉。無不任焉。何遂欲遲速於其間耶。（佛教本禁自殺。清談家殆亦受其影響）

不侵人之維我論　凡利己主義。不免損人。而彼等所持。則利己而並不侵人。爲純粹之無爲論。故曰。古之人損一毫以利天下不與也。悉天下以奉一人。不取也。人人不損一毫。人人不利天下。則天下自治。

反對派之意見　方清談之盛行。亦有一二反對之者。如晉武帝時。傅玄上疏曰。先王之御天下也。教化隆於上。清議行於下。近者魏武好法術。天下貴刑名。魏文慕通達。天下賤守節。其後綱維不攝。放誕盈朝。遂使天下無復清議。惠帝時。裴頠作崇有論曰。利慾雖當節制。而不可絕去。人事雖當節。而不可全無。今也談者恐有形之累。盛稱虛無之美。終薄綜世之務。賤內利之用。悖吉凶之禮。忽容止之表。瀆長幼之序。混貴賤之級。無所不至。夫萬物之性。以有爲引。心者非事。而制事必由心。不可謂心爲無也。匠者非器。而制器必須匠。不可謂非有匠也。由是觀之。濟有者皆有也。人類既有。虛無何益哉。其言非不切著。而限於常識。不足以動清談家思想之基礎。故未能有濟也。

結論　清談家之思想。至爲淺薄無聊。必非有合羣性之人類所能耐。故未久而熸。其於儒家倫理學說之根據。初未能有所震撼也。

第七章　韓愈

方清談之盛。南方學者。如王勃之流。嘗援老莊以說經。而北方學者。如徐遵明李鉉輩。皆篤守漢儒詁訓章句之學。至隋唐而未沫。齊陳以降。南方學者。

倦於清談。則競趨於文苑。要之皆無關於學理者也。隋之時。龍門王通。始以紹述北方之思想自任。嘗仿孔子作王氏六經。皆不傳。傳者有中論。其弟子所輯。以當孔氏之論語者也。其言皆夸大無精義。其根本思想。曰執中。其調和異教之見解。曰三教一致。然皆標舉題目。而未有特別之說明也。唐中葉以後。南陽韓愈。慨六朝以來之文章。體格之卑靡。內容之淺薄。欲導源於羣經諸子以革新之。於是始從事於學理之探究。而爲宋代理學之先驅焉。

小傳　韓愈。字退之。南陽人。年八歲。始讀書。及長。盡通六經百家之學。貞元八年。擢進士第。歷官至吏部侍郎。其間屢以直諫被貶黜。憲宗時。上諫迎佛骨表。其最著者也。穆宗時卒。謚曰文。

儒教論　愈之意。儒教者。因人類普通之性質。而自然發展。於倫理之法則。已無間然。決不容舍是而他求者也。故曰。夫先王之教何耶。博愛之謂仁。行而宜之之謂義。由是而之焉之謂道。足於己無待於外之謂德。其文詩書易春秋。其法禮樂刑政。其民士農工商。其位君臣父子師友賓主昆弟夫婦。其服麻絲。其居宮室。其食粟米蔬果魚肉。其道也易明。其敎也易行。是故以之爲己則順而詳。以之爲人則愛而公。以之爲心則和而平。以之爲天下國家。則處之而無不當。是故生得其情。死盡其常。郊而天神假。廟而人鬼饗。其敍述可謂簡而能賅。然第即迹象而言。初無關乎學理也。

排老莊　愈既以儒家爲正宗。則不得不排老莊。其所以排之者曰。今其言曰。聖人不死。大盜不止。剖斗折衡。而民不爭。嗚呼。其亦不思而已矣。使古無聖人則人類滅久矣。何則。無羽毛鱗甲以居寒熱也。又曰。今其言曰。曷不爲太古之無事。是責冬之裘者曰。曷不易之以葛。責飢之食者曰。曷不易之以飲也。又曰。老子之小仁義也。其所見者小也。彼以煦煦爲仁。孑孑爲義。其小之也固宜。又曰。凡吾所謂道德。合仁與義而言之也。天下之公言也。老子之所謂道德。去仁與義而言之也。一人之私言也。皆對於南方思想之消極一方面。而以常識攻擊之。至其根本思想。及積極一方面。則未遑及也。

排佛教　王通之論佛也。曰佛者。聖人也。其教。西方之教也。在中國則泥。軒車不可以通於越。冠冕不可以之胡。言其與中國之歷史風土不相容也。韓愈之所以排佛者。亦同此義。而附加以輕侮之意。曰。今其法曰。必棄而君臣。去而父子。禁而相生相養之道。以求所謂清淨寂滅。嗚呼。其亦幸而出於三代之後。不見黜於禹湯文武周公孔子也。蓋愈之所排。佛教之形式而已。

性　愈之立說稍合於研究學理之範圍者。性論也。其言曰。性有三品。上者善而已。中者可導而上下者也。下者惡而已。孟子之言性也。曰。人之性善。荀子之言性也。曰。人之性惡。楊子之言性也。人之性善惡混。夫始也善而進於惡始也惡而進於善始也善惡混而今也爲善惡皆舉其中而遺其上下得其一而失其二者也又曰所以爲性者五曰仁曰禮曰信曰義曰智上者主一而行四中者少有其一而亦少反之其於四也混下者反一而悖四其說亦以孔子性相近及上下不移之言爲本與董仲舒同而所以規定之者較爲明晳至其以五常爲人性之要素而爲三品之性定所含要素之分量則並無證據臆說而已

情　愈以性與情有先天後天之別故曰性者與生俱生者也情者接物而生者也又以情亦有三品隨性而爲上中下曰所以爲情者七曰喜曰怒曰哀曰懼曰愛曰惡曰欲上者七情動而處其中中者有所甚有所亡雖然求合其中者也下者亡且甚直情而行者也如其言則性情殆有體用之關係故其品相因而爲上下然愈固未能明言其所由也

結論　韓愈。文人也。非學者也。其作原道也。曰。堯以是傳之舜。舜以是傳之禹。禹以是傳之湯。湯以是傳之文武周公。文武周公傳之孔子。孔子傳之孟軻。軻之死不得其傳也。隱然以傳者自任。然其立說。多敷演門面。而絕無精深之義。其功之不可沒者。在尊孟子以繼孔子。而標舉性情道德仁義之名。揭排斥老佛之幟。使世人知是等問題。皆有特別研究之價值。而所謂儒學者。非徒誦習經訓之謂焉。

第八章　李翺

小傳　李翺。字習之。韓愈之弟子也。貞元十四年。登進士第。歷官至山南節度使。會昌中。歿於其地。

學說之大要　翺嘗作復性書三篇。其大旨謂性善情惡。而情者性之動也。故賢者當絕情而復性。

性　翱之言性也。曰。性者。所以使人爲聖人者也。寂然不動。廣大淸明。照感天地。遂通天地之故。行止語默。無不處其極。其動也中節。又曰。誠者。聖人性之。又曰淸明之性。鑑於天地。非由外來也。其義皆本於中庸。故歐陽修嘗謂始讀復性書。以爲中庸之義疏而已。

性情之關係　雖然。翱更進而論吾人心意中性情二者之並存及衝突。曰。人之所以爲聖人者。性也。人之所以惑其性者情也。喜怒哀懼愛惡欲七者。皆情之爲也。情昏則性遷。非性之過也。水之渾也。其流不淸。火之烟也。其光不明。然則性本無惡。因情而後有惡。情者。常蔽性而使之鈍其作用者也。與淮南子所謂人生而靜天之性感而後動性之害相類。翱於是進而說復性之法曰。不慮不思。則情不生。情不生。乃爲正思。又曰。聖人。人之先覺也。覺則明。不然則惑。惑則昏。故當覺則不特遠取莊子外物而朝徹實乃近襲佛教之去無明而歸眞如也。

情之起原　性由天稟。而情何自起哉。翺以爲情者性之附屬物也。曰。無性則情不生。情者。由性而生者也。情不自情。因性而爲情。性不自性。因情以明性。

至靜　翺之言曰。聖人豈無情哉。情有善有不善。又曰。不慮不思。則情不生。雖然。不可失之於靜。靜則必有動。動則必有靜。有動靜而不息。乃爲情。當靜之時。知心之無所思者。是齋戒其心也。知本與無思。動靜皆離。寂然不動。是至靜也。彼蓋以本體爲性。以性之發動一方面爲情。故性者。超絕相對之動靜。而爲至靜。亦卽超絕相對之善惡。而爲至善。及其發動而爲情。則有相對之動靜。而卽有相對之善惡。故人當齋戒其心。以復歸於至靜至善之境。是謂復性。

結論　翺之說。取徑於中庸。參考莊子。而歸宿於佛敎。旣非創見。而持論亦稍近曖昧。然翺承韓愈後。掃門面之談。從諸種敎義中。紬繹其根本思想。而著爲一貫之論。不可謂非學說進步之一徵也。

第二期結論　自漢至唐。於倫理學界。卓然成一家言者。寥寥可數。獨尊儒術者。漢有董仲舒。唐有韓愈。吸收異說者。漢有淮南揚雄。唐有李翺。其價値大略相等。大抵漢之學者。爲先秦諸子之餘波。唐之學者。爲有宋理學之椎輪而已。魏晉之間。佛說輸入。本有激衝思想界之勢力。徒以其出世之見。與吾族之歷史極不相容。而當時穎達之士。如淸談家。又徒取其消極之義。而不能爲其積極一方面之助力。是以佛氏敎義之入吾人也。於哲學界。增一種研究之材料。於社會間。增一窮而無告者之蘧廬。於平民心理。增一來世應報之觀念。於審察儀式中。竄入禮懺布施之條目。其勢力雖不可消滅。而要之吾人家族及各種社會之組織。初不因是而搖動也。

第三期　宋明理學時代

第一章　總說

有宋理學之起原　魏晉以降。苦於漢儒經學之拘譌。而遁爲清談。齊梁以降。歉於清談之簡單。而縟爲詩文。唐中葉以後。又饜於體格靡麗內容淺薄之詩文。而趨於質實。則不得不反而求諸經訓。雖然。其時學者。既已濡染於佛老二家閎大幽渺之教義。勢不能復局於故訓章句之範圍。而必於儒家言中。闢一閎大幽渺之境。始有以自展。而且可以與佛老相抗。此所以競趨於心性之理論。而理學由是盛焉。

朱陸之異同　宋之理學。創始於邵周張諸子。而確立於二程。二程以後。學者又各以性之所近。遞相傳演。而至朱陸二子。遂截然分派。朱子偏於道問學。尙墨守古義。近於荀子。陸子偏於尊德性。尙自由思想。近於孟子。朱學平實。能使社會中各種階級。修私德。安名分。故當其及身。雖嘗受攻訐。而自明以後。頓爲政治家所提倡。其勢力或彌漫全國。然承學者之思想。卒不敢溢於其範圍之外。陸學則至明之王陽明而益光大焉。

動機論之成立　朱陸兩派。雖有尊德性道問學之差別。而其所研究之對象。則皆爲動機論。董仲舒之言曰。正其義不謀其利。明其道不計其功。張南軒之言曰。學者潛心孔孟。必求其門而入。以爲莫先於明義利之辨。蓋聖賢無所爲而然也。有所爲而然者。皆人欲之私。而非天理之所存。此義利之分也。自未知省察者言之。終日之間。鮮不爲利矣。非特名位貨殖而後爲利也。意之所向。一涉於有所爲。雖有淺深之不同。而其爲徇己自私。則一而已矣。此皆極端之動機論。而朱陸兩派所公認者也。

功利論之別出　孔孟之言。本折衷於動機功利之間。而極端動機論之流弊。勢不免於自殺其競爭生存之力。故儒者或激於時局之顚危。則亦恆溢出而爲功利論。呂東萊陳龍川葉水心之屬。憤宋之積弱。則歎理學之繁瑣。而昌言經制。顏習齋痛明之俄亡。則並詆朱陸兩派之空疏。而與其徒李恕谷王崑繩輩研究禮樂兵農。是皆儒家之功利論也。惟其人皆亟於應用。而略於學理。故是編未及詳敍焉。

儒教之凝成　自漢武帝以後。儒家雖具有國教之儀式及性質。而與社會心理。尙無緻密之關係。（觀晉以後普通人佞佛求仙之風。如是其盛。苟其先已有普及之儒教。則其時人心之對於佛教。必將如今人之對於基督教矣。）其普通人之行習。所以能不大違於儒教者。歷史之遺傳。法令之約束爲之耳。及宋而理學之儒輩出。講學授徒。幾徧中國。其人率本其所服膺之動機論。而演繹之於日用常行之私德。又卒能刻苦躬行。以爲規範。得社會之信用。其後。政府又專以經義貢士。而尤注重於朱注之大學中庸論語孟子四書。於是稍稍聰穎之士。皆自幼寢饋於是。達而在上。則益增其說於法令之中。窮而在下。則長書院。設私塾。掌學校教育之權。或爲文士。編述小說劇本。行社會教育之事。遂使十室之邑。三家之村。其子弟苟有從師讀書者。則無不以四書爲讀本。而其間一知半解互相傳述之語。雖不識字者。亦皆耳熟而詳之。雖間有苛細拘苦之事。非普通人所能耐。然淸議旣成。則非至頑悍者。不敢顯與之悖。或陰違之而陽從之。或不能以之律己而亦能以之繩人。蓋自是始確立爲普及之宗教焉。斯則宋明理學之功也。

思想之制限　宋儒理學。雖無不旁採佛老。而終能立凝成儒教之功者。以其眞能以信從教主之儀式。對於孔子也。彼等於孔門諸子。以至孟子。皆不能無微詞。而於孔子之言。則不特不敢稍違。而亦不敢稍加以擬議。如有子所謂夫子有爲而言之者。又其所是非。則一以孔子之言爲準。故其互相排斥也。初未嘗持名學之例以相繩。曰。知是則不可通也。如是則自相矛盾也。惟以宗敎之律相繩。曰。如是則與孔子之說相背也。如是則近禪也。其篤信也如此。故其思想皆有制限。其理論界。則至性善性惡之界而止。至於善惡之界說若標準。則皆若無庸置喙。故往往以無善無惡與善爲同一。而初不自覺其牴牾。其於實踐方面。則以爲家族及各種社會之組織。自昔已然。惟其間互相交際之道。如何而能無背於孔子。是爲研究之對象。初未嘗有稍萌改革之思想者也。

第二章　王荆公

宋代學者。以邵康節爲首。同時有司馬溫公。及王荆公。皆以政治家著。又以特別之學風。立於思想系統之外者也。溫公仿揚雄之太玄作潛虛。以數理解釋宇宙。無關於倫理學。故略之。荊公之性論。則持平之見。足爲前代諸性論之結局。特叙於左。

小傳　王荊公名安石。字介甫。荊公者。其封號也。臨川人。神宗時被擢爲參知政事。厲行新法。當時正人多反對之者。遂起黨獄。爲世詬病。元豐元年。以左僕射觀文殿大學士卒。年六十八。其所著有新經義學說及詩文集等。今節叙其性論及禮論之大要於左。

性情之均一　自來學者。多判性情爲二事。而於情之所自出。恆苦無說以處之。荊公曰。性情一也。世之論者曰性善情惡。是徒識性情之名。而不知性情之實者也。喜怒哀樂好惡欲。未發於外而存於心者。性也。發於外而見於行者。情也。性者情之本。情者性之用。故吾曰性情一也。彼蓋以性情者。不過本體方面與動作方面之別稱。而並非二事。性純則情亦純。情固未可滅也。何則。無情則直無動作。非吾人生存之狀態也。故曰。君子之所以爲君子者。無非情也。小人之所以爲小人者。無非情也。

善惡　性情皆純。則何以有君子小人及善惡之別乎。無他。善惡之名。非可以加之性情。待性情發動之效果。見於行爲。評量其合理與否。而後得加以善惡之名焉。故曰。喜怒哀樂愛惡欲。七者。人生而有之。接於物而後動。動而當理者。聖也。賢也。不當於理者。小人也。彼徒見情發於外。爲外物所累。而遂入於惡也。因曰。情惡也。害性者情也。是曾不察情之發於外。爲外物所感。而亦嘗入於善乎。如其說。則性情非可以善惡論。而善惡之標準。則在理。其所謂理。在應時處位之關係。而無不適當云爾。

情非惡之證明　彼又引聖人之事。以證情之非惡。曰。舜之聖也。象喜亦喜。

使可喜而不喜。豈足以爲舜哉。文王之聖也。王赫斯怒。使可怒而不怒。豈足以爲文王哉。舉二者以明之。其餘可知。使無情。雖曰性善。何以自明哉。誠如今論者之說。以無情爲善。是木石也。性情者。猶弓矢之相待而爲用。若夫善惡。則猶之中與不中也。

禮論　荀子道性惡。故以禮爲矯性之具。荆公言性情無善惡。而其發於行爲也。可以善。可以惡。故以禮爲導人於善之具。其言曰。夫木斲之而爲器。馬服之而爲駕。非生而能然也。刦之於外而服之以力者也。然聖人不舍木而爲器。不舍馬而爲駕。固因其天資之材也。今人生而有嚴父愛母之心。聖人因人之欲而爲之制。故其制。雖有以强人。而乃順其性之所欲也。聖人苟不爲之禮。則天下蓋有慢父而疾母者。是亦可謂無失其性者也。夫狙猿之形。非不若人也。繩之以尊卑。而節之以揖讓。彼將趨深山大麓而走耳。雖畏之以威而馴之以化。其可服也。乃以爲天性無是而化於僞也。然則狙猿亦可爲禮耶。故曰。禮者。始於天而成於人。天無是而人欲爲之。吾蓋未之見也。

結論　荆公以政治文章著。非純粹之思想家。然其言性情非可以善惡名。而別求善惡之標準於外。實爲漢唐諸儒所未見及。可爲有卓識者矣。

第三章　邵康節

小傳　邵康節。名雍。字堯夫。河南人。嘗師北海李之才。受河圖先天象數之學。妙契神悟。自得者多。屢被舉。不之官。熙寧十年卒。年六十七。元祐中。賜謚康節。著有觀物篇。漁樵問答。伊川擊壤集。先天圖。皇極經世書等。

宇宙論　康節之宇宙論。仿易及太玄。以數爲基本。循世界時間之閱歷。而論其循環之法則。以及於萬物之化生。其有關於倫理學說者。論人類發生之原者是也。其略如下。

動靜二力　動靜二力者。發生宇宙現象。而且有以調攝之者也。動者爲陰陽。靜者爲剛柔。陰陽爲天。剛柔爲地。天有暑寒晝夜。感於事物之性情狀態。地有雨風露雪。應於事物之走飛草木。性情形體。與走飛草木相合而爲動植之感應。萬物由是生焉。性情形態之走飛草木。應於聲色氣味。走飛草木之性情形態。應於耳目口鼻。物者有色聲氣味而已。人者有耳目口鼻。故人者。總攝萬物而得其靈者也。

物人凡聖之別　康節言萬物化成之理如是。於是進而論人物之別。及凡人與聖人之別。曰。人所以爲萬物之靈者。耳目口鼻。能收萬物之聲色氣味。聲色氣味。萬物之體也。耳目鼻口。萬人之用也。體無定用。惟變是用。用無定體。惟化是體。體用之交也。人物之道。於是備矣。然人亦物也。聖亦人也。有一物之物。有十物之物。有百物之物。有千物萬物億物兆物之物。生一物之物而當兆物之物者。非人耶。有一人之人。有十人之人。有百人之人。有千人萬人億人兆人之人。生一人之人。而當兆人之人者。非聖耶。是以知人者物之至。聖人者。人之至也。人之至者。謂其能以一心觀萬心。以一身觀萬身。以一世觀萬世。能以心代天意。口代天言。手代天工。身代天事。是以能上識天時。下盡地理。中盡物情。而通照人事。能彌綸天地。出入造化。進退古今。表裏人物者也。如其說。則聖人者。包含萬有。無物我之別。解脫差別界之觀念。而入於萬物一體之平等界者也。

學　然則人何由而能爲聖人乎。曰。學。康節之言學也。曰。學不際天人。不可以謂之學。又曰。學不至於樂。不可以謂之學。彼以學之極致。在四經。易書詩春秋是也。曰。昊天之盡物。聖人之盡民。皆有四府。昊天之四府。春夏秋冬之謂也。升降於陰陽之間。聖人之四府。易書詩春秋之謂也。升降於禮樂之間。

意言象數者。易之理。仁義禮智者。書之言。性情形體者。詩之根。聖賢才術者。春秋之事。謂之心。謂之用。易由皇帝王伯。書應虞夏殷周。詩關文武周公。春秋係秦晉齊楚。謂之體。謂之跡。心跡體用四者相合。而得爲聖人。其中同中有異。異中有同。異同相乘。而得萬世之法則。

愼獨　康節之意。非徒以講習爲學也。故曰。君子之學。以潤身爲本。其治人應物。皆餘事也。又曰。凡人之善惡。形於言。發於行。人始得而知之。但萌諸心。發諸慮。鬼神得而知之。是君子所以愼獨也。又曰。人之神。卽天地之神。人之自欺。卽所以欺天地。可不愼與。又言愼獨之效曰。能從天理而動者。造化在我。其對於他物也。我不被物。而能物物。又曰。任我者情。情則蔽。蔽則昏。因物者性。性則神。神則明。潛天潛地。行而無不至。而不爲陰陽所攝者。神也。

神　彼所謂神者何耶。卽復歸於性之狀態也。故曰。神無方而性則質也。又曰。神無所不在。至人與他心通者。其本一也。道與一。神之強名也。以神爲神者至言也。然則彼所謂神。卽老子之所謂道也。

性情　康節以復性爲主義。故以情爲性之反動者。曰。月者日之影。情者性之影也。心爲性而膽爲情。性爲神而情爲鬼也。

結論　康節之宇宙論。以一人爲一小宇宙。本於漢儒。一切以象數說之。雖不免有拘墟之失。而其言由物而人。由人而聖人。頗合於進化之理。其以神爲無差別界之代表。而以愼獨而復性。爲由差別界而達無差別之作用。則其語雖一本於儒家。而其意旨則皆莊佛之心傳也。

第四章　周濂溪

小傳　周濂溪。名敦頤。字茂叔。道州營道人。景祐三年。始官洪州分甯縣主簿。歷官至知南康郡。因家於廬山蓮花峯下。以營道故居濂溪名之。熙甯六年卒．年五十七．黃庭堅評其人品．如光風霽月．晚年．閒居樂道．不除窗前之草．曰．與自家生意一般．二程師事之．濂溪常使尋孔顏之樂何在．所著有太極圖太極圖說．通書等．

太極論　濂溪之言倫理也．本於性論．而實與其宇宙論合．故述濂溪之學．自太極論始．其言曰．無極而太極．太極動而生陽．動極而靜．靜而生陰．靜極復動．一動一靜．互為其根．分陰分陽．兩儀立焉．五行一陰陽也．陰陽一太極也．太極本無極也．五行之生也．各一其性．無極之眞．二五之精．妙合而凝．乾道成男．坤道成女．二氣交感．化合萬物．萬物生之而變化無窮．人得其秀而最靈．生而發神知．五性感動而善惡分．聖人定之以中正仁義．主靜而立其極．聖人與天地合其德．與日月合其明．與四時合其序．與鬼神合其吉凶．君子修之吉．小人悖之凶．故曰．立天之道．曰陰與陽．立地之道．曰柔與剛．立人之道．曰．仁與義．又曰．原始要終．故知死生之說．大哉．易其至矣乎．其大旨以人類之起原．不外乎太極．而聖人則以人而合德於太極者也．

性與誠　濂溪以性爲誠．本於中庸．惟其所謂誠．專自靜止一方面考察之．故曰．誠者．聖人之本．大哉乾元．萬物資始．誠之原也．乾道變化．各正性命．誠既立矣．純粹至善．故曰．一陰一陽之謂道．繼之者善也．成之者性也．元亨者誠之通．利貞者誠之復．大哉易．其性命之源乎．又曰．誠者．五常之本．百行之原也．靜無而動有．至正而明達者也．五常百行．非誠則爲邪暗塞．故誠則無事．至易而行難．由是觀之．性之本質爲誠．超越善惡．與太極同體者也．

善惡　然則善惡何由起耶．曰．起於幾．故曰．誠無爲．幾善惡．愛曰仁．宜曰義．理曰禮．通曰智．守曰信．性而安之之謂聖．執之之謂賢．發微而不可見．充周而不可窮之謂神．

幾與神　濂溪以行爲最初極微之動機爲幾。而以誠幾之間。自然中節之作用爲神。故曰。寂然不動者誠也。感而遂通者神也。動而未形於有無之間者幾也。誠精故明。神應故妙。幾微故幽。誠神幾謂之聖人。

仁義中正　惟聖故神。苟非聖人。則不可不注意於動機。而一以聖人之道爲準。故曰。動而正曰道。用而和曰德。匪仁匪義匪禮匪智匪信。悉邪也。邪者動之辱也。故君子愼動。又曰。聖人之道。仁義中正而已。守之則貴。行之則利。廓之而配乎天地。豈不易簡哉。豈爲難知哉。不守不行不廓而已。

修爲之法　吾人所以愼動而循仁義中正之道者。當如何耶。濂溪立積極之法。曰思。洪範曰。思曰睿。睿作聖。幾動於此而誠動於彼。思而無不通者。聖人也。非思不能通微。非睿不能無不通。故思者。聖功之本。吉凶之幾也。又立消極之法。曰無欲。曰。無欲則靜虛而動直。靜虛則明。明則通。動直則公。公則溥．明通公溥．庶矣哉．

結論　濂溪由宇宙論而演繹以爲倫理說．與康節同．惟康節說之以數．而濂溪則說之以理．說以數者．非動其基礎．不能加以補正．說以理者．得截其一二部分而更變之．是以康節之學．後人以象數派外視之．而濂溪之學．遂孳生思想界種種問題也．濂溪之倫理說．大端本諸中庸．以幾爲善惡所由分．是其創見．而以人物之別．爲在得氣之精粗．則後儒所祖述者也．

第五章　張橫渠

小傳　張橫渠名載．字子厚．世居大梁．父卒於官．因家於鳳翔郡縣之橫渠鎮．少喜談兵．范仲淹授以中庸．乃翻然志道．求諸釋老．無所得．乃反求諸六經．及見二程．語道學之要．乃悉棄異學．嘉祐中．舉進士．官至知太常禮院．熙甯十年卒．年五十八．所著有正蒙．經學理窟．易說．語錄．西銘．東銘等．

太虛　橫渠嘗求道於佛老。而於老子由無生有之說。佛氏以山河大地爲見病之說。俱不之信。以爲宇宙之本體。爲太虛。無始無終者也。其所含有凝散之二動力。是爲陰陽。由陰陽而發生種種現象。現象雖無一雷同。而其發生之源則一。故曰。兩不立則一不可見。一不可見。則兩之虛實也。動靜也。聚散也。清濁也。其容一也。又曰。造化之所成。無一物相肖者。橫渠由是而立理一分殊之觀念。

理一分殊　橫渠既於宇宙論立理一分殊之觀念。則應用之於倫理學。其西銘之言曰。乾稱父。坤稱母。予茲藐焉。乃渾然中處。天地之塞吾其體。天地之帥吾其性。民吾同胞。物吾與也。大君者。我之宗子。大臣者。宗子之家相。尊高年。所以長其長。慈孤弱。所以幼其幼。聖其合德。賢其秀也。凡天下之病癃殘疾惸獨鰥寡。皆吾兄弟之顚連而無告者也。

天地之性與氣質之性　天地之塞吾其體。亦卽萬人之體也。天地之帥吾其性。亦卽萬人之性也。然而人類有賢愚善惡之別。何故。橫渠於是分性爲二。謂爲天地之性與氣質之性。曰。形而後有性質之性。能反之。則天地之性存。故氣質之性。君子不性焉。其意謂天地之性。萬人所同。如太虛然。理一也。氣質之性。則起於成形以後。如太虛之有氣。氣有陰陽。有淸濁。故氣質之性。有賢愚善惡之不同。所謂分殊也。雖然。陰陽者。雖若相反而實相成。故太虛演爲陰陽。而陰陽得復歸於太虛。至於氣之淸濁。人之賢愚善惡。則相反矣。比而論之。頗不合於論理。

心性之別　從前學者。多幷心性爲一談。橫渠則別而言之。曰。物與知覺合。有心之名。又曰。心者統性情者也。蓋以心爲吾人精神界全體之統名。而性則自心之本體言之也。

虛心　橫渠以心爲統性與知，而以知附屬於氣質之性，故其修爲之的，不在屑屑求知，而在反於天地之性，是爲合心於太虛，故曰，太虛者心之實也，又曰，不可以聞見爲心，若以聞見爲心，天下之物，不可一一聞見，是小其心也，但當合心於太虛而已，心虛則公平，公平則是非較然可見，當爲不當爲之事，自可知也。

變化氣質　橫渠既以合心於太虛爲修爲之極功，而又以人心不能合於太虛之故，實爲氣質之性所累，故立變化氣質之說，曰，氣質惡者，學卽能移，今之人多使氣，又曰，學至成性，則氣無由勝，又曰，爲學之大益在自能變化氣質，不爾，則卒無所發明，不得見聖人之奧，故學者先當變化氣質，變化氣質與虛心相表裏。

禮　橫渠持理一分殊之理論，故重秩序，又於天地之性以外，別揭氣質之性。已兼取荀子之性惡論。故重禮。其言曰。生有先後。所以爲天序。小大高下相形。是爲天秩。天之生物也有序。物之成形也有秩。知序然故經正。知秩然故禮行。彼既持此理論。而又能行以提倡之。治家接物。大要正己以感人。其教門下。先就其易。主日常動作。必合於禮。程明道嘗評之曰。橫渠教人以禮。固激於時勢。雖然。只管正容謹節。宛然如喫木札。使人久而生嫌厭之情。此足以觀其守禮之篤矣。

結論　橫渠之宇宙論。可謂持之有理。而其由陰陽而演爲淸濁。又由淸濁而演爲賢愚善惡。遂不免違於論理。其言理一分殊。言天地之性與氣質之性。皆爲創見。然其致力之處。偏重分殊。遂不免橫据階級之見。至謂學者舍禮義而無所猷爲。與下民一致。又偏重氣質之性。至謂天質善者。不足爲功。勤於矯惡矯情。方爲功。皆與其民吾同胞及人皆有天地之性之說不能無矛盾也。

第六章　程明道

小傳　程明道名顥，字伯淳。河南人。十五歲，偕其弟伊川就學於周濂溪。由是慨然棄科舉之業，有求道之志。逾冠，被調爲鄂縣主簿。晚年，監汝州酒稅。以元豐八年卒。年五十四。其爲人克實有道，和粹之氣，盎於面背。門人交友。從之數十年，未嘗見其忿厲之容。方王荊公執政時，明道方官監察御史裏行。與議事，荊公厲色待之。明道徐曰，天下事非一家之私議，願平氣以聽。荊公亦爲之愧屈。於其卒也，文彥博采衆議表其墓曰，明道先生。其學說見於門弟子所輯之語錄。

性善論之原理　邵周張諸子，皆致力於宇宙論與倫理說之關係。至程子而始專致力於倫理學說。其言性也，本孟子之性善說。而引易象之文以爲原理。曰。生生之謂易。是天之所以爲道也。天只是以生爲道。繼此生理者只是善。便有一元的意思。元者善之長。萬物皆有春意。便是繼之者善也。成之者性也。成卻待萬物自成其性須得。又曰。一陰一陽之謂道。自然之道也。有道則有用。元者善之長也。成之者卻只是性。各正性命也。故曰。仁者見之謂之仁。智者見之謂之智。又曰。生之謂性。人生而靜以上不能說。示說之謂性時。便已不是性。凡說人性。只是說繼之者善也。孟子云。人之性善是也。夫所謂繼之者善。猶水之流而就下也。又曰。生之謂性。性卽氣。氣卽性。生之謂也。其措語雖多不甚明瞭。然推其大意。則謂性之本體。殆本無善惡之可言。至卽其動作之方面而言之。則不外乎生生。卽人無不欲自生。而亦未嘗有必不欲他人之生者。本無所謂不善。而與天地生之道相合。故謂繼之者善也。

善惡 生之謂性。本無所謂不善。而世固有所謂惡者何故。明道曰。天下之善惡。皆天理。謂之惡者。本非惡。但或過或不及。便如此。如楊墨之類。其意謂善惡之所由名。僅指行爲時之或過或不及而言。與王荊公之說相同。又曰。人生氣禀以上。於理不能無善惡。雖然。性中元非兩物相對而生。又以水之清濁喻之曰。皆水也。有流至海而不濁者。有流未遠而濁多者。或少者。清濁雖不同。而不能以濁者爲非水。如此。則人不可不加以澄治之功。故用力敏勇者疾清。用力緩急者遲清。及其淸則只是原初之水也。非將清者來換却濁者。亦非將濁者取出。置之一隅。水之清如性之善。是故善惡者。非在性中兩物相對而各自出來也。此其措語。雖亦不甚明瞭。其所謂氣禀。幾與橫渠所謂氣質之性相類。然推其本意。則仍以善惡爲發而中節與不中節之形容詞。蓋人類雖同禀生生之氣。而既具各別之形體。又處於各別之時地。則自愛其生之心。不免太過。而愛人之生之心。恆不免不及。如水流因所經之地而不免漸濁。是不能不謂之惡。而要不得謂人性中具有實體之惡也。故曰。性中元非有善惡兩物相對而出也。

仁　生生爲善。卽我之生與人之生無所歧視也。是卽論語之所謂仁。所謂忠恕。故明道曰。學者先須識仁。仁者渾然與物同體。義禮智信皆仁也。又曰。醫家以手足之痿痺爲不仁。此言最善名狀。仁者。以天地萬物爲一體。無非己也。手足不仁時。身體之氣不貫。故博施濟衆。爲聖人之功用。仁至難言。又曰。若夫至仁。天地爲一身。而天地之間品物萬形。爲四肢百體。夫人豈有視四肢百體而不愛者哉。聖人仁之至也。獨能體斯心而已。

敬　然則體仁之道。將如何。曰。敬。明道之所謂敬。非檢束其身之謂。而涵養其心之謂也。故曰。只聞人說善言者。爲敬其心也。故視而不見。聽而不聞。主於一也。主於內。則外不失敬。便心虛故也。必有事焉不忘。不要施之重。便不好。敬其心。乃至不接視聽。此學者之事也。始學豈可不自此去。至聖人則自從心所欲。不踰矩。又曰。敬卽便是禮。無己可克。又曰。主一無適。敬以直內便有浩然之氣。

忘內外　明道循當時學者措語之習慣。雖亦常言人欲。言私心私意。而其本意則不過以惡爲發而不中節之形容詞。故其所注意者皆積極而非消極。嘗曰。所謂定者。動亦定。靜亦定。無將迎。無內外。苟以外物爲外。牽己而從之。是以己之性爲有內外也。且以己之性爲隨物於外。則當其在外時。何者爲在中耶。有意於絕外誘者。不知性無內外也。又曰。夫天地之常。以其心普萬物而無心。聖人之常。以其情順萬事而無情。故君子之學。莫若廓然而大公。物來而順應。苟規規於外誘之除。將見滅於東而生於西。非惟日之不足。顧其端無窮。不可得而除也。又曰。與其非外而是內。不若內外之兩忘。兩忘則澄然無事矣無事則定。定則明。明則尙何應物之爲累哉。聖人之喜。以物之當喜。聖人之怒。以物之當怒。是聖人之喜怒。不繫於心而繫於物也。是則聖人豈不應於物哉。烏得以從外者爲非。而更求在內者爲是也。

誠　明道既不以力除外誘爲然。而所以涵養其心者。亦不以防檢爲事。嘗述孟子勿助長之義。而以反身而誠互證之。曰學者須先識仁。仁者。渾然與物同體。識得此理。以誠敬存之而已。不須防檢。不須窮索。若心懈則有防。心苟不懈。何防之有。理有未得。故須窮索。存久自明。安待窮索。此道與物無對。大不足以明之。天地之用。皆我之用。孟子言萬物皆備於我。須反身而誠。乃爲大樂。若反身未誠。則猶是二物有對。以己合彼。終未有之。又安得樂。必有事焉而勿正。心勿忘。勿助長。未嘗致纖毫之力。此其存之之道。若存得便含有得。蓋良知良能元不喪失。以昔日習心未除。故須存習此心。久則可奪舊習。又曰。性與天道。非自得者不知。有安排布置者。皆非自得。

結論　明道學說。其精義。始終一貫。自成系統。其大端本於孟子。而以其所心得者補正而發揮之。其言善惡也。取中節不中節之義。與王荆公同。其言仁也。謂合於自然生生之理。而融自愛他愛爲一義。其言修爲也。惟主涵養心性。而不取防檢窮索之法。可謂有樂道之趣。而無拘墟之見者矣。

第七章　程伊川

小傳　程伊川。名頤。字正叔。明道之弟也。少明道一歲。年十七。嘗伏闕上書。其後屢被舉。不就。哲宗時。擢爲崇正殿說書。以嚴正見憚。見劾而罷。徽宗時。被邪說詖行惑亂衆聽之謗。下河南府推究。逐學徒。隸黨籍。大觀元年卒。年七十五。其學說見於易傳及語錄。

伊川與明道之異同　伊川與明道。雖爲兄弟。而明道溫厚。伊川嚴正。其性質較然不同。故其所持之主義。遂不能一致。雖其間互通之學說甚多。而揭其特具之見較之。則顯爲二派。如明道以性卽氣。而伊川則以性卽理。又特嚴理氣之辨。明道主忘內外。而伊川特重寡慾。明道重自得。而伊川尙窮理。蓋明道者。粹然孟子學派。伊川者。雖亦依違孟學。而實荀子之學派也。其後由明道而遞演之。則爲象山陽明。由伊川而遞演之。則爲晦庵所謂學焉而各得其性之所近者也。

理氣與性才之關係　伊川亦主孟子性中有善之說。而歸其惡之源於才。故曰。性出於天。才出於氣。氣淸則才淸。氣濁則才濁。才則有不善。性則無不善。又曰。性無不善。而有不善者。才也。性卽是理。理則自堯舜至於途人一也。才禀於氣。氣有淸濁。禀其淸者爲賢。禀其濁者爲愚。其大意與橫渠言天地之性氣質之性相類。惟名號不同耳。

心　伊川以心與性爲一致。故曰。在天爲命。在義爲理。在人爲性。主於身爲心。其言性也。曰。性卽理。所謂理性是也。天下之理。原無不善。喜怒哀樂之未發。何嘗不善。發而中節。往往無不善。發而不中節。然後爲不善。是以性爲在喜怒哀樂未發之境也。其言心也。曰。沖漠無朕。萬象森然已具。未應不是先。已應不是後。如百尺之木。自根本至枝葉。無一不貫。或問以赤子之心爲已發是否。曰。已發而去道未遠。曰。大人不失赤子之心若何。曰。取其純一而近道。曰。赤子之心與聖人之心若何。曰。聖人之心。如明鏡止水。是亦以喜怒哀樂未發之境爲心之本體也。

養氣寡慾　伊川以心性本無所謂不善。及喜怒哀樂之發而不中節。始有不善。其所以發而不中節之故。則由其氣稟之濁而多慾。故曰。孟子所以養氣者。養之至則淸明純全。昏塞之患去。或曰養心。或曰養氣。何耶。曰。養心者無害而已。養氣者在有帥。又言養氣之道在寡慾。曰。致知在所養。養知莫過於寡慾二字。其所言養氣已與孟子同名而異實。及依違大學。則又易之以養知。是皆遷就古書文詞之故。至其本意。則不過謂寡慾則可以易氣之濁者而爲淸。而漸達於明鏡止水之境也。

敬與義　明道以敬爲修爲之法。伊川同之。而又本易傳敬以直內義以方外之語。於敬之外。尤注重集義。曰。敬只是持己之道。義便知有是有非。從理而行。是義也。若只守一個之敬。而不知集義。卻是都無事。且如欲爲孝。不成只守一個孝字而已。須是知所以爲孝之道。當如何奉侍。當如何溫淸。然後能盡孝道。

窮理　伊川所言集義。卽謂實踐倫理之經驗。而假孟子之言以名之。其自爲說者。名之曰窮理。而又條舉三法。一曰。讀書講明義理。二曰。論古今之物。

分其是非。三曰。應事物而處其當。又分智爲二種。而排斥聞見之智。曰。聞見之智。非德性之智。物交物而知之。非內也。今之所謂博物多能者是也。德性之智。不借聞見。其意蓋以讀書論古應事而資以淸明德性者。爲德性之智。其專門之考古學歷史經濟家。則斥爲聞見之智也。

知與行　伊川又言須是識在行之先。譬如行路。須得先照。又謂勉强合道而行動者。決不能永續。人性本善。循理而行。順也。是故燭理明則自然樂於循理而行動。是爲知行合一說之權輿。

結論　伊川學說。蓋注重於實踐一方。而故於命理心性之屬。僅以異名同實之義應付之。而於惡之所由來。曰才。曰氣。曰欲。亦不復詳爲之分晰。至於修爲之法。則較前人爲詳。而爲朱學所自出也。

第八章　程門大弟子

程門弟子　歷事二程者爲多。而各得其性之所近。其間特性最著。而特有影響於後學者。爲謝上蔡楊龜山二人。上蔡毗於尊德性。紹明道而啓象山。龜山毗於道問學。述伊川而遞傳以至考亭者也。

上蔡小傳　謝上蔡。名良佐。字顯道。壽州上蔡人。初務記問。誇該博。及事明道。明道曰。賢所記何多。抑可謂玩物喪志耶。上蔡赧然。明道曰。是卽惻隱之心也。因勸以無徒學言語。而靜坐修練。上蔡以元豐元年登進士第。其後歷官州郡。徽宗時。坐口語。廢爲庶民。著論語說。其語錄三篇。則朱晦庵所輯也。

其學說　上蔡以仁爲心之本體。曰。心者何。仁而已。又曰。人心著。與天地一般。只爲私意自小。任理因物而已。無與焉者。天而已。於是言致力之德。曰。窮理曰持敬。其言窮理也。曰。物物皆有理。窮理則知天之所爲。知天之所爲。則與天爲一。窮理之至。自然不勉而中。不思而得。從容中道。詞理必物物而窮之與曰。必窮其大者理一而已。一處理窮。則觸處皆是。恕其窮理之本與。其言致敬也。曰。近道莫若靜。齋戒以神明其德。天下之至靜也。又曰。敬者是常惺惺而法心齋。

龜山小傳　楊龜山。名時。字中立。南劍將樂人。熙寧元年。舉進士。後歷官州郡。及侍講。紹興五年卒。年八十三。龜山初事明道。明道沒。事伊川。二程皆甚重之。嘗讀橫渠西銘。而疑其近於兼愛。及聞伊川理一分殊之辨。而豁然。其學說見於龜山集及其語錄。

其學說　龜山言人生之準的在聖人。而其致力也在致知格物。曰。學者以致知格物爲先。知未至。雖欲擇善而固執之。未必當於道也。鼎鑊陷穽之不可蹈。人皆知之。而世人亦無敢蹈之者。知之審也。致身下流。天下之惡皆歸之。與鼎鑊陷阱何異。而或蹈之而不避者。未眞知之也。若眞知爲不善。如蹈鼎鑊陷阱。則誰爲不善耶。是其說近於經驗論。然彼所謂經驗者。乃在研求六經。故曰六經者。聖人之微言。道之所存也。道之深奧。雖不可以言傳。而欲求聖賢之所以爲聖賢者。舍六經於何求之。學者當精思之。力行之。默會於意言之表。則庶幾矣。

結論　上蔡之言窮理。龜山之言格致。其意略同。而上蔡以恕爲窮理之本。龜山以研究六經爲格致之主。是顯有主觀客觀之別。是卽二程之異點。而亦朱陸學派之所由差別也。

第九章　朱晦庵

小傳　龜山一傳而爲羅豫章。再傳而爲李延平。三傳而爲朱晦庵。伊川之學派。於時大成焉。晦庵名熹。字元晦。一字仲晦。晦庵其自號也。其先徽州婺源人。父松。爲尤溪尉。寓溪南生熹。晚遷建陽之考亭。年十八。登進士。其後歷主簿提舉及提點刑獄等官．及歷奉外祠．雖屢以僞學被劾．而講習不輟．慶元六年卒．年七十一．高宗謚之曰文．理宗之世．追封信國公．門人黃幹狀其行曰．其色莊．其言厲．其行舒而恭．其坐端而直．其閒居也．未明而起．深衣幅巾方履．拜家廟以及先聖．退而坐書室．案必正．書籍器用必整．其飲食也．羹食行列有定位．匙箸舉措有定所．倦而休也．瞑目端坐．休而起也．整步徐行．中夜而寢．寤則擁衾而坐．或至達旦．威儀容止之則．自少至老．祁寒盛暑．造次顚沛．未嘗須臾離也．著書甚多．如大學中庸章句或問．論語集注．孟子集注．易本義．詩集傳．太極圖解．通書解．正蒙解．近思錄．及其文集語錄．皆有關於倫理學說者也．

理氣　晦庵本伊川理氣之辨．而以理當濂溪之太極．故曰．由其橫於萬物之深底而見時．曰太極．由其與氣相對而見時．曰理．又以形上形下爲理氣之別，而謂其不可以時之前後論。曰。理者。形而上之道，所以生萬物之原理也。氣者。形而下之器。率理而鑄型之質料也。又曰。理非別爲一物而存。存於氣之中而已。又曰。有此理便有此氣。但理是本。於是又取橫渠理一分殊之義。以爲理一而氣殊。曰萬物統於一太極。而物物各具一太極。曰。物物雖各有理。而總只是一理。曰。理雖無差別。而氣有種種之別。有清爽者。有昏濁者。難以一一枚舉。曰。此卽萬物之所以差別。然一一無不有太極。其狀却如寶珠之在水中。在聖賢之中。如在清水中。其精光自然發現。其在至愚不肖之中。如在濁水中。非澄去泥沙。其光不可見也。

性　由理氣之辨。而演繹之以言性。於是取橫渠之說。而立本然之性與氣質之性之別。本然之性。純理也。無差別者也。氣質之性。則因所稟之氣之清濁。而不能無偏。乃又本漢儒五行五德相配之說。以證明之。曰。得木氣重者。

惻隱之心常多。而羞惡辭讓是非之心。爲之塞而不得發。得金氣重者。羞惡之心常多。而惻隱辭讓是非之心。爲之塞而不得發。火水亦然。故氣質之性完全者。與陰陽合德。五性全備而中正。聖人是也。然彼又以本然之性與氣質之性密接。故曰。氣質之心。雖是形體。然無形質。則本然之性無所以安置自己之地位。如一勺之水。非有物盛之。則水無所歸著。是以論氣質之性。勢不得不雜理與氣言之。

心情欲　伊川曰。在人爲性。主於身爲心。晦庵亦取其義。而又取橫渠之義以心爲性情之統名。故曰。心。統性情者也。由性之方面見之。心者寂然不動。由情之方面見之。感而遂通。又曰。心之未動時。性也。心之已動時。情也。欲是由情發來者。而欲有善惡。又曰。心如水。性猶水之靜。情則水之流。欲則水之波瀾。但波瀾有好底。有不好底。如我欲仁。是欲之好底。欲之不好底。則一向奔馳出去。若波濤翻浪。如是則情爲性之附屬物。而欲則又爲情之附屬物。故彼以惻隱等四端爲性。以喜怒等七者爲情。而謂七情由四端發。如哀懼發自惻隱。怒惡發自羞惡之類。然又謂不可分七情以配四端。七情自貫通四端云。

人心道心　旣以心爲性情之統名。則心之有理氣兩方面。與性同。於是引以說古書之道心人心。以發於理者爲道心。而發於氣者爲人心。故曰。道心是義理上發出來底。人心是人身上發出來底。雖聖人不能無人心。如饑食渴飮之類。雖小人不能無道心。如惻隱之心是。又謂聖人之敎。在以道心爲一身之主宰。使人心屈從其命令。如人心者。決不得滅却。亦不可滅却者也。

窮理　晦庵言修爲之法。第一在窮理。窮理卽大學所謂格物致知也。故曰。格物十事。格得其九通透。卽一事未通透。不妨。一事只格得九分。一分不通透。最不可。須窮到十分處。至其言窮理之法。則全在讀書。於是言讀書之法曰。讀書之法。在循序而漸進。熟讀而精思。字求其訓。句索其旨。未得於前。則不敢求其後。未通乎此。則不敢志乎彼。先須熟讀。使其言皆若出於吾之口。繼以精思。使其意皆若出於吾心。

養心　至其言養心之法。曰存夜氣。本於孟子。謂夜氣靜時。卽良心有光明之時。若當吾思念義理觀察人倫之時。則夜氣自然增長。良心愈放其光明來。於是輔之以靜坐。靜坐之說。本於李延平。延平言道理須是日中理會。夜裏却去靜坐思量。方始有得。其說本與存夜氣相表裏。故晦庵取之。而又爲之界說曰。靜坐非如坐禪入定。斷絕思慮。只收斂此心。使毋走於煩思慮而已。此心湛然無事。自然專心。及其有事。隨事應事。事已時復湛然。由是又本程氏主一爲敬之義而言專心。曰。心有所用。則心有所主。只看如今。纔讀書，

則心便主於讀書。纔寫字、則心便主於寫字、若是悠悠蕩蕩、未有不入於邪僻者、

結論　宋之有晦庵、猶周之有孔子、皆吾族道德之集成者也、孔子以前、道德之理想、表著於言行而已、至孔子而始演述爲學說、孔子以後、道德之學說、雖亦號折衷孔子、而尙在乍離乍合之間、至晦庵而始以其所見之孔敎、整齊而釐訂之、使有一定之範圍、蓋孔子之道在董仲舒時代、不過具有宗敎之形式、而至朱晦庵時代、始確立宗敎之威權也、晦庵學術、近以橫渠伊川爲本、而附益之以濂溪明道、遠以荀卿爲本、而用語則多取孟子、於是用以訓釋孔子之言、而成立有宋以後之孔敎、彼於孔子以前之說、務以詁訓溝通之、使毋與孔敎有所齟齬、於孔子以後之學說若人物、則一以孔敎進退之、彼其研究之勤、著述之富、徒黨之衆、既爲自昔儒者所不及、而其爲

說也。矯惡過於樂善。方外過於直內。獨斷過於懷疑。拘名義過於得實理。尊秩序過於求均衡。尙保守過於求革新。現在之和平。過於未來之希望。此爲古昔北方思想之嫡嗣。與吾族大多數之習慣性相投合。而尤便於有權勢者之所利用。此其所以得憑藉科舉之勢力而盛行於明以後也。

第十章　陸象山

儒家之言。至朱晦庵而凝成爲宗教。既具論於前章矣。顧世界之事。常不能有獨而無對。故當朱學成立之始。而有陸象山。當朱學盛行之後。而有王陽明。雖其得社會信用。不及朱學之悠久。而當其發展之時。其勢幾足以傾朱學而有餘焉。大抵朱學毗於橫渠伊川。而陸王毗於濂溪明道。朱學毗於荀。陸王毗於孟。以周季之思潮比例之。朱學純然爲北方思想。而陸王則毗於南方思想者也。

小傳　陸象山名九淵。字子靜。自號存齋。金谿人。父名賀。象山其季子也。乾道八年。登進士第。歷官至知荊門軍。以紹熙三年卒。年五十四。嘉定十年。賜謚文安。象山三四歲時。嘗問其父天地何所窮際。及總角。聞人誦伊川之語。若被傷者。曰。伊川之言。何其不類孔子孟子耶。讀古書至宇宙二字。解曰。四方上下爲宇。往古來今曰宙。忽大省。曰。宇宙內之事。乃己分內事。己分內之事。乃宇宙內事。又曰。宇宙便是吾心。吾心卽是宇宙。東海有聖人出。此心同。此理同焉。西海有聖人出。此心同。此理同焉。南海北海有聖人出。此心同。此理同焉。千百世之上有聖人出。此心同。此理同焉。千百世之下有聖人出。此心同。此理同焉。淳熙間。自京師歸。學者甚盛。每詣城邑。環坐二三百人。至不能容。尋結茅象山。學徒大集。案籍踰數千人。或勸著書。象山曰。六經注我。我注六經。又曰。學苟知道。則六經皆我注脚也。所著有象山集。

朱陸之論爭　自朱陸異派。及門互相詆諆。淳熙二年。東萊集江浙諸友於信州鵝湖寺以決之。既詆會象山晦庵互相辨難。連日不能決。晦庵曰。人各有所見。不如取決於後世。其後彼此通書。又互有衝突。其間關於太極圖說者。大抵名義之異同。無關宏旨。至於倫理學說之異同。則晦庵之見。以爲象山尊心。乃禪家餘派。學者當先求聖賢之遺言於書中。而修身之法。自洒掃應對始。象山則以晦庵之學爲逐末。以爲學問之道。不在外而在內。不在古人之文字而在其精神。故嘗詰晦庵以堯舜曾讀何書焉。

心卽理　象山不認有天理人欲與道心人心之別。故曰。心卽理。又曰。心一也。人安有二心。又曰。天理人欲之分。論極有病。自禮記有此言。而後人襲之。記曰。人生而靜。天之性也。感於物而動。性之欲也。若是則動亦是。靜亦是。豈有天理人欲之分。動若不是。則靜亦不是。豈有動靜之間哉。彼又以古書有人心惟危道心惟微之語。則爲之說曰。自人而言則曰惟危。自道而言則曰惟微。如其說。則古書之言亦不過由兩旁面而觀察之。非眞有二心也。又曰。心一理也。理亦一理也。至當歸一。精義無二。此心此理。不容有二。又曰。孟子所謂不慮而知者。其良知也。不學而能者。其良能也。我固有之。非由外鑠我也。

純粹之惟心論　象山以心卽理。而其言宇宙也。則曰。塞宇宙一理耳。又曰。萬物皆備於我。只要明理而已。然則宇宙卽理。理卽心。皆一而非二也。

氣質與私欲　象山旣不認有理欲之別。而其說時亦有蹈襲前儒者。曰。氣質偏弱。則耳目之官。不思而蔽於物。物交物則引之而已矣。由是向之所謂忠信者。流而放辟邪侈。而不能以自反矣。當是時。其心之所主。無非物欲而已矣。又曰。氣有所蒙。物有所蔽。勢有所遷。習有所移。往而不返。迷而不解。於是爲愚爲不肖。於彝倫則斁。於天命則悖。又曰。人之病道者二。一資。二漸習。然宇宙一理。則必無不善。而何以有此不善之資及漸習。象山固未暇研究也。

思　象山進而論修爲之方。則尊思。曰。義理之在人心。實天之所與而不可泯滅者也。彼其受蔽於物。而至於悖理違義。蓋亦弗思焉耳。誠能反而思之。則是非取捨。蓋有隱然而動。判然而明。決然而無疑者矣。又曰。學問之功。切磋之始。必有自疑之兆。及其至也。必有自克之實。

先立其大　然則所思者何在。曰。人當先理會所以爲人。深思痛省。枉自汩沒。虛過日月。朋友講學。未說到這裏。若不知人之所以爲人。而與之講學。遺其大而言其細。便是放飯流歠而問無齒決。若能知其大。雖輕。自然反輕歸厚。因舉一人恣情縱欲。一旦知尊德樂道。便明白潔直。又曰。近有議吾者曰。

除了先立乎其大者一句。無伎倆。吾聞之曰。誠然。又曰。凡物必有本末。吾之教人大概使其本常重。不爲末所累。

誠　象山於實踐方面。則揭一誠字。嘗曰。古人皆明實理做實事。又曰。嗚呼。循頂至踵。皆父母之遺骸。俯仰天地之間。懼不能朝夕求寡愧怍。亦得與聞於孟子所謂塞天地吾夫子人爲貴之說與。又引中庸之言以證明之曰。誠者非自成己而已也。所以成物也。成己仁也。成物知也。性之德也。合外內之道也。

結論　象山理論既以心理與宇宙爲一。而又言氣質言物欲。又不硏究其所由來。於不知不覺之間。由一元論而蛻爲二元論。與孟子同病。亦由其所注意者。全在積極一方面故也。其思想之自由。工夫之簡易。人生觀之平等。使學者無墨守古書拘牽末節之失。而自求進步。誠有足多者焉。

第十一章　楊慈湖

象山謂塞宇宙一理耳。然宇宙之現象。不贅一詞。得慈湖之說。而宇宙卽理之說益明。

小傳　楊慈湖。名簡。字敬中。慈谿人。乾道五年。第進士。調當陽主簿。尋歷諸官。以大中大夫致仕。寶慶二年卒。年八十六。諡文元。慈湖官當陽時。始遇象山。象山數提本心二字。慈湖問何謂本心。象山曰。君今日所聽者扇訟。扇訟者必有一是一非。若見得孰者爲非。卽決定某甲爲是。某甲爲非。非本心而何。慈湖聞之。忽覺其心澄然清明。亟問曰。如是而已乎。象山厲聲答曰。更有何者。慈湖退而拱坐達旦。質明。納拜。稱弟子焉。慈湖所著有己易啓蔽二書。

己易　慈湖著己易。以爲宇宙不外乎我心。故宇宙現象之變化。不外乎我心之變化。故曰。易者己也。非他也。以易爲書。不以易爲己不可也。以易爲天地之變化。不以易爲己之變化。不可也。天地者。我之天地。變化者。我之變化。非他物也。又曰。吾之性。澄然淸明而非物。吾之性。洞然無際而非量。天者吾性之象。地者吾性中之形。故曰。在天成象。在地成形。皆我所爲也。混融無內外。貫通無異種。又曰。天地之心。果可得而見乎。果不可得而見乎。果動乎。果未動乎。特未察之而已。似動而未嘗移。似變而未嘗改。不改不移。謂之寂然不動可也。謂之無思無慮可也。謂之不疾而速不行而至可也。是天下之至動也。是天下之至賾也。又曰。吾未見天地人之有三也。三者形也。一者性也。亦曰道也。又曰易也。名言之不用。而其實一體也。

結論　象山謂宇宙內事卽己分內事。其所見固與慈湖同。惟象山之說。多就倫理方面指點。不甚注意於宇宙論。慈湖之說。足以補象山之所未及矣。

第十二章　王陽明

陸學自慈湖以後。幾無傳人。而朱學則自季宋而元。而明。流行益廣。其間亦復名儒輩出。而其學說。則無甚創見。其他循聲附和者。率不免流於支離煩瑣。而重以科舉之招。益滋言行鑿枘之弊。物極則反。明之中葉。王陽明出。中興陸學。而思想界之氣象又一新焉。

小傳　王陽明。名守仁。字伯安。餘姚人。少年嘗築堂於會稽山之洞中。其後門人爲建陽明書院於紹興。故以陽明稱焉。陽明以宏治十二年舉進士。嘗平漳南橫水諸寇。破叛藩宸濠。平廣西叛蠻。歷官至左都御史。封新建伯。嘉靖七年卒。年五十七。隆慶中。贈新建侯。謚文成。陽明天資絕人。年十八。謁婁一齋。慨然爲聖人可學而至。嘗徧讀考亭之書。循序格物。終覺心物判而爲二。不得入。於是出入於佛老之間。武宗時。被謫爲貴州龍場驛丞。其地在萬山叢樹之中。蛇虺魍魎蟲毒瘴癘之所萃。備嘗辛苦。動心忍性。因念聖人處此。更有何道。遂悟格物致知之旨。以爲聖人之道。吾性自足。不假外求。自是遂盡去枝葉。一意本原焉。所著有陽明全集陽明全書。

心卽理　心卽理。象山之說也。陽明更疏通而證明之曰。理一而已。以其理之凝聚言之謂之性。以其凝聚之主宰言之謂之心。以其主宰之發動言之謂之意。以其發動之明覺言之謂之知。以其明覺之感應言之謂之物。故就物而言之謂之格。就知而言之謂之致。就意而言之謂之誠。就心而言之謂之正。正者正此心也。誠者誠此心也。致者致此心也。格者格此心也。皆謂窮理以盡性也。天下無性外之理。無性外之物。學之不明。皆由世之儒者認心爲外。認物爲外。而不知義內之說也。

知行合一　朱學泥於循序漸進之義。曰必先求聖賢之言於遺書。曰。自洒掃應對進退始。其弊也。使人遲疑觀望。而不敢勇於進取。陽明於是矯之以知行合一之說。曰。知是行之始。行是知之成。知外無行。行外無知。又曰。知之眞切篤實處便是行。行之明覺精密處便是知。若行不能明覺精密。便是冥行。便是學而不思則罔。若知不能眞切篤實。便是妄想。便是思而不學則殆。又曰。大學言如好好色。見好色屬知。好好色屬行。見色時卽是好。非見而後立志去好也。今人却謂必先知而後行。且講習討論以求知。俟知得眞時。去行。故遂終身不行。亦遂終身不知。蓋陽明之所謂知。專以德性之智言之。與尋常所謂知識不同。而其所謂行。則就動機言之。如大學之所謂意。然則卽知卽行。良非虛言也。

致良知　陽明心理合一。而以孟子之所謂良知代表之。又主知行合一。而以大學之所謂致知代表之。於是合而言之曰致良知。其言良知也。曰。天命之性。粹然至善。其靈明不昧者。皆其至善之發見。乃明德之本體。而所謂良知者也。又曰。未發之中。卽良知也。無前後內外而渾然一體者也。又曰。雖妄念之發。而良知未嘗不在。雖昏塞之極。而良知未嘗不明。於是進而言致知。則包誠意格物而言之。曰今欲別善惡以誠其意。惟在致其良知之所知焉爾。何則。意念之發。吾心之良知。既知其爲善矣。使其不能誠有以好之而復背而去之。則是以善爲惡。自昧其知善之良知矣。意念之所發。吾之良知。既知其爲不善矣。使其不能誠有以惡之。而復蹈而爲之。則是以惡爲善。而自昧其知惡之良知矣。若是。則雖曰知之。猶不知也。意其可得而誠乎。今於良知所知之善惡者。無不誠好而誠惡之。則不自欺其良知而意可誠矣。又曰。於其良知所知之善者。卽其意之所在之物而實爲之。無有乎不盡。於其良知所知之惡者。卽其意之所在之物而實去之。無有乎不盡。然後物無不格。而吾良知之所知者。無有虧缺障蔽。而得以極其至矣。是其說。統格物誠意於致知。而不外乎知行合一之義也。

仁　陽明之言良知也。曰。人的良知。就是草木瓦石的良知。若草木瓦石無人的良知。不可以爲草木瓦石矣。豈惟草木瓦石爲然。天地無人的良知。亦不可以爲天地矣。是卽心理合一之義。謂宇宙卽良知也。於是言其致良知之極功。亦必普及宇宙。陽明以仁字代表之。曰。是故見孺子之入井。而必有怵惕惻隱之心焉。是其仁之與孺子而爲一體也。孺子猶同類者也。見鳥獸之哀鳴觳觫而必有不忍之心焉。是其仁之與鳥獸而爲一體也。鳥獸猶有知覺者也。見草木之摧折。而必有憫惜之心焉。是其仁之與草木而爲一體也。草木猶有生意者也。見瓦石之毀壞而必有顧惜之心焉。是其仁之與瓦石而爲一體也。是其一體之仁也。雖小人之心。亦必有之。是本根於天命之性。而自然靈昭不昧者也。又曰。故明明德。必在於親民。而親民。乃所以明其明德也。是故親吾之父。以及人之父。以及天下人之父。而後吾之仁實與吾之父人之父與天下人之父而爲一體矣。實與之爲一體。而後孝之明德始明矣。親吾兄。以及人之兄。以及天下人之兄。而後吾之仁。實與吾之兄人之兄與天下人之兄而爲一體矣。實與之爲一體。而後弟之明德始明矣。君臣也。夫婦也。朋友也。以至於山川鬼神草木鳥獸也。莫不實有以親之。以達吾一體之仁。然後吾之明德始無不明。而眞能以天地萬物爲一體矣。

結論　陽明以至敏之天才。至富之閱歷。至深之研究。由博返約。直指本原。排斥一切拘牽文義區畫階級之習。發揮陸氏心理一致之義。而輔以知行合一之說。孔子所謂我欲仁斯仁至。孟子所爲人皆可以爲堯舜焉者。得陽明之說而其理益明。雖其依違古書之文字。針對末學之弊習。所揭言說。不必盡合於論理。然彼所注意者本不在是。苟尋其本義。則其所以矯朱學末流之弊。促思想之自由。而勵實踐之勇力者。其功固昭然不可掩也。

第三期結論　自宋及明。名儒輩出。以學說鯛理之。朱陸兩派之舞臺而已。濂溪橫渠。開二程之先。由明道歷上蔡而遞演之。於是有象山學派。由伊川歷龜山而遞演之。於是有晦庵學派。象山之學。得陽明而益光大。晦庵之學。則薪傳雖不絕。而未有能擴張其範圍者也。朱學近於經驗論。而其所謂經驗者。不在事實。而在古書。故其末流。不免依傍聖賢而流於獨斷。陸學近乎師心。而以其不膠成見。又常持物我同體知行合一之義。乃轉有以通情而達理。故常足以救朱學末流之弊也。惟陸學以思想自由之故。不免軼出本教之範圍。如陽明之後。有王龍溪一派。遂昌言禪悅。遞傳而至李卓吾。則遂公言不以孔子之是非爲是非。而卒遘焚書殺身之禍。自是陸王之學。益爲反對派所詬病。以其與吾族尊古之習慣不相投也。朱學遜言謹行。確守宗敎之範圍。而於其範圍中。尤注重於爲下不悖之義。故常有以自全。然自本朝有講學之禁。而學者社會。亦頗倦於搬運文字之性理學。於是遁而爲考據。其實仍朱學尊經篤古之流派。惟益縮其範圍。而專研詁訓名物。又推崇漢儒。以傲宋明諸儒之空疏。益無新思想之發展。而與倫理學無關矣。陽明以後。惟戴東原。咨嗟於宋學流弊生心害政。而發揮孟子之說以糾之。不愧爲一思想家。其他若黃梨洲。若俞理初。則於實踐倫理一方面。亦有取蘊已久之古義而發明之者。故敍其概於左。

戴東原明震。休寧人。卒於乾隆四十二年。年五十五。其所著書關於倫理學者。有原善。及孟子字義疏證。

其學說　東原之特識。在窺破宋學流弊。而又能以論理學之方式證明之。其言曰。六經孔孟之言。以及傳記羣籍。理字不多見。今雖至愚之人。悖戾恣雖其處斷一事責詰一人莫不輒曰理者自宋以來始相習成俗則以理爲如有物焉得於天而具於心因以心之意見當之也於是負其氣挾其勢位加以口給者理伸力弱氣慴口不能道辭者理屈又曰自宋儒立理欲之辨謂不出於理則出於欲不出於欲則出於理於是雖視人之飢寒號呼男女哀怨以至垂死冀生無非人欲空指一絕情欲之感爲天理之本然存之於心及其應事幸而偶中非曲體事情求如此以安之也不幸而事情未明執其意見方自信天理非人欲而小之一人受其禍大之天下國家受其禍又曰今之治人者視古聖賢體民之情遂民之欲多出於鄙細隱曲不措諸意不足爲怪而及其責以理也不難舉曠世之高節著於義而罪之尊者以理責卑長者以理責幼貴者以理責賤雖失謂之順卑者幼者賤者以理爭之雖得謂之逆於是下之人不能以天下之同情天下所同欲達之於上上以

理責其下。而在下之罪。人人不勝指數。人死於法。猶有憐之者。死於理。其誰憐之。又曰。理欲之辨立。舉凡飢寒愁怨飲食男女常情隱曲之感。則名之曰人欲。故終身見欲之難制。且自信不出於欲。則思無愧怍。意見所非。則謂其人自絕於理。又曰。既截然分理欲爲二。治己以不出於欲爲理。治人亦必以不出於欲爲理。舉凡民之飢寒愁怨飲食男女常情隱曲之感。咸視爲人欲之甚輕者矣。輕其所輕。乃吾重天理也。公義也。言雖美而用之治人則禍其人。至於下以欺僞應乎上。則曰人之不善。此理欲之辨。適以窮天下之人盡轉移爲欺僞之人。爲禍何可勝言也哉。其言可謂深切而著明矣。至其建設一方面。則以孟子爲本。而博引孟子以前之古書佐證之。其大指謂天道者。陰陽五行也。人之生也。分於陰陽五行以爲性。是以有血氣心知。有血氣。是以有欲。有心知。是以有情有知。給於欲者。聲色臭味也。而因有愛畏。發乎情者。喜怒哀樂也。而因有慘舒。辨於知者。美醜是非也。而因有好惡。是東原以欲情知三者爲性之原質也。然則善惡何自而起。東原之意。在天以生生爲道。在人亦然。仁者。生生之德也。是故在欲則專欲爲惡。同欲爲善。在情則過不及爲惡。中節爲善。而其條理則得之於知。故曰。人之生也。莫病於無以遂其生。欲遂其生。亦遂人之生。仁也。欲遂其生。至於戕賊人之生而不顧者。不仁也。不仁實始於欲遂其生之心。使其無此欲。必無不仁矣。然使其無此欲。則於天下之人生道始促。亦將漠然視之。己不必遂其生。其遂人之生。無是情也。又曰。在己與人皆謂之情。無過情無不及情之謂理。理者。情之不爽失也。未有情不得而理得者。凡有所施於人。反躬而靜思之。人以此施於我。能受之乎。凡有所責於人。反躬而靜思之。人以此責於我。能盡之乎。以我絜之人。則理明。又曰。生養之道。存乎欲者也。感通之道。存乎情者也。二者自然之符。天下之事舉矣。盡善惡之極致。存乎巧者也。宰御之權。由斯而出。盡是非之極致。存乎智者也。賢聖之德。由斯而備。二者亦自然之符。精之以底於必然。天下之能舉矣。又曰。有是身。故有聲色臭味之欲。有是身而君臣父子夫婦昆弟朋友之倫具。故有喜怒哀樂之情。惟有欲有情而又有知。然後欲得遂也。情得達也。天下之事。使欲之得遂。情之得達。斯已矣。惟人之知。小之能盡美醜之極致。大之能盡是非之極致。然後遂己之欲者廣之能遂人之欲。達己之情者廣之能達人之情。道德之盛。使人之欲無不遂。人之情無不達。斯已矣。凡東原學說之優點。有三。(一)心理之分析。自昔儒者多言性情之關係。而情欲之別。殆不甚措意。於知亦然。東原始以欲情知三者爲性之原質。與西洋心理學家分心之能力爲意志感情知識三部者同。其於知之中又分巧智兩種。則亦美學哲學不同之理也。(二)情欲之制限王荆公程明道。皆以善惡爲卽情之中節與否。而於中節之標準何在。未之言。至於欲。則自來言絕欲者。固近於厭世之義。而非有生命者所能實行。卽言寡欲者。亦不能質言其多寡之標準。至東原而始以人之欲爲己之欲之界。以人之情爲己之情之界。與西洋功利派之倫理學所謂人各自由而以他人之自由爲界者同。(三)至善之狀態。莊子之心齋。佛氏之涅槃。皆以超絕現世爲至善之境。至儒家言。則以此世界爲範圍。先儒雖侈言胞與民物萬物一體之義。而竟無以名言其狀況。東原則由前義而引伸之。則所謂至善者。卽在使人人得遂其欲。得達其情。其義卽孔子之所謂仁恕。不但其理顚撲不破。而其致力之處。亦可謂至易而至簡者矣。凡此皆非漢宋諸儒所見及。而其立說之有條貫。有首尾。則尤其得力於名數之學者也。(乾嘉間之漢學。實以言語學兼論理學。不過範圍較隘耳。)惟羣經之言。雖大義不離乎儒家。而其名詞之內容。不必一一與孔孟所用者無稍出入。東原囿於當時漢學之習。又以與社會崇拜之宋儒爲敵。勢不得有所依傍。故其全書。既依託於孟子。而又取羣經之言一一比附。務使與孟子無稍異同。其間遂亦不免有牽强附會之失。而其時又不得物質科學之助力。故於血氣與心知之關係。人物之所以異。度人性之所以分於陰陽五行。皆不能言之成理。此則其缺點也。東原以後。阮文達作性命古訓論語論仁論。焦理堂作論語通釋。皆東原一派。然未能出東原之範圍也。

黃梨洲。名宗羲。餘姚人。明之遺民也。卒於康熙三十四年。年八十六。著書甚多。茲所論敍。爲其明夷待訪錄中之原君原臣二篇。

其學說　周以上。言君民之關係者。周公建洛邑曰。有德易以興。無德易以亡。孟子曰。民爲貴。社稷次之。君爲輕。言君臣之關係者。晏平仲曰。君爲社稷死亡則死亡之。若爲己死而爲己亡。非其所暱。誰敢任之。孟子曰。貴戚之卿。諫而不聽。則易暱易姓之卿。諫而不聽。則去之。其義皆與西洋政體不甚相遠。自荀卿韓非。有極端尊君權之說。而爲秦漢所採用。古義漸失。至韓愈作原道。遂曰。君者出令者也。臣者行君之令而致之於民者也。民者出粟米絲麻作器皿通貨財以事其上者也。其推文王之意以作羑里操曰。臣罪當誅兮天王聖明。皆與古義不合。自唐以後。亦無有據古義以正之者。正之者自梨洲始。其原君也曰。有生之初。人各自私也。人各自利也。天下有公利而莫或興之。有公害而莫或除之。有君人者出。不以一己之利爲利。而使天下受其利。不以一己之害爲害。而使天下釋其害。後之爲人君者不然。以爲天下利害之權。皆出於我。我以天下之利盡歸於己。以天下之害盡歸於人。亦無不可。使天下之人。不敢自私。不敢自利。以我之大私。爲天下之公。始而慚焉。

久而安焉。視天下爲莫大之產業。傳之子孫。受享無窮。此無他。古者以天下爲主。君爲客。凡君之所畢世而經營者。爲天下也。今也以君爲主。天下爲客。凡天下之無地而得安甯者。爲君也。其原臣也。曰。臣道如何而後可。曰。緣夫天下之大。非一人之所能治。而分治之以羣工。故我之出而仕也。爲天下。非爲君也。爲萬民。非爲一姓也。世之爲臣者昧於此義。以爲臣爲君而設者也。君分吾以天下而後治之。君授吾以人民而後牧之。視天下人民爲人君囊中之私物。今以四方之勞擾。民生之憔悴。足以危吾君也。不得不講治之救之之術。苟無係於社稷之存亡。則四方之勞擾。民生之憔悴。雖有誠臣。亦且以爲纖介之疾也。又曰。蓋天下之治亂。不在一姓之存亡。而在萬民之憂樂。是故桀紂之亡。乃所以爲治也。秦政蒙古之興。乃所以爲亂也。晉宋齊梁之興亡。無與於治亂者也。爲臣者輕視斯民之水火。卽能輔君而興。從君而亡。

其於臣道固未嘗不背也。在今日國家學學說既由泰西輸入。君臣之原理。如梨洲所論者。固已爲人之所共曉。然在當日。則不得不推爲特識矣。

俞理初。名正燮。黟縣人。卒於道光二十年。年六十。所著有癸巳類稿及存稿。

其學說　夫野蠻人與文明人之大別何在乎。曰。人格之觀念之輕重而已。野蠻人之人格觀念輕。故其對於他人也。以畏强凌弱爲習慣。文明人之人格觀念重。則其對於他人也。以抗强扶弱爲習慣。抗强所以保己之人格。而扶弱則所以保他人之人格也。人類中婦女弱於男子。而其有人格則同。各種民族。誠皆不免有以婦女爲刼掠品賣買品之一階級。然在泰西。其宗教中有萬人同等之義。故一夫一妻之制。早定。而中古騎士。勇於公戰而謹事婦女。已實行抗强扶弱之美德。故至今日。而尊重婦女人格。實爲男子之義務矣。我國夫婦之倫本已脫掠賣時代。而近於一夫一婦之制。惟尚有妾媵之設。而所謂貞操焉者。乃專爲婦女之義務。而無與於男子。至所謂婦女之道德。卑順也。不妒忌也。無一非消極者。自宋以後。凡事舍情而言理。如伊川者。且目寡婦之再醮爲失節。而謂餓死事小失節事大。於是婦女益陷於窮而無告之地位矣。理初獨潛心於此問題。其對於裹足之陋習。有書舊唐書輿服志後。歷考古昔婦人履舄之式。及裹足之風所自起。而斷之曰。古有丁男丁女。裹足則失丁女。陰弱則兩儀不完。又出古舞屣賤服女賤則男賤。其節婦說曰。禮郊特牲云。一與之齊。終身不改。故夫死不嫁。後漢書曹世叔傳云。夫有再娶之義。婦無二適之文。故曰夫者天也。按婦無二適之文。固也。男亦無再娶之儀。聖人所以不定此儀者。如禮不下庶人刑不上大夫。非謂庶人不行禮。大夫不懷刑也。自禮意不明。苛求婦人遂爲偏義。古禮夫婦合體同尊卑．乃或卑其妻．古言終身不改．身則男女同也．七事出妻．乃七改矣．妻改再娶．乃八改矣．男子理義無涯涘．而深文以罔婦人．是無恥之論也．又曰．再嫁者不當非之．不再嫁者敬禮之斯可矣．其妒非女人惡德論曰．妒在士君子爲義德．謂女人妒爲惡德者．非通論也．夫婦之道．言致一也．夫買妾而妻不妒．則是恝也．恝則家道壞矣．易曰．三人行則損一人．一人行則得其友．言致一也．是夫婦之道也．又作貞女說．斥世俗迫女守貞之非．曰．嗚呼．男兒以忠義自責則可耳．婦女貞烈．豈是男子榮耀也．又嘗考樂戶及女樂之沿革．而以本朝之書去其籍爲廓清天地．爲舒憤懣．又歷考娼妓之歷史而爲此皆無告之民．凡苛待之者．謂之虐無告．凡此種種問題．皆前人所不經意．至理初始以其至公至平之見．博考而愼斷之．雖其所論．尚未能爲根本之解決．而亦未能組成學理之系統，然要不得不節取其意見．而認爲至有價値之學說矣。

餘論　要而論之。我國倫理學說。以先秦爲極盛。與西洋學說之濫觴於希臘無異。顧西洋學說。則與時俱進。雖希臘古義。尙爲不祧之宗。而要之後出者之繁博而精覈。則逈非古人所及矣。而我國學說。則自漢以後。雖亦思想家輩出。而自淸談家之淺薄利己論外。雖亦多出入佛老。而其大旨不能出儒家之範圍。且於儒家言中。孔孟已發之大義。亦不能無所湮沒。卽前所敍述者觀之。以晦庵之勤學。象山陽明之敏悟。東原之精思。而所得乃止於此。是何故哉。（一）無自然科學以爲之基礎。先秦惟子墨子頗治科學。而漢以後則絕迹。（二）無論理學以爲思想言論之規則。先秦有名家。卽荀墨二子亦兼治名學。漢以後此學絕矣。（三）政治宗教學問之結合。（四）無異國之學說以相比較。佛教雖閎深。而其厭世出家之法。與我國實踐倫理太相遠。

故不能有大影響。此其所以自漢以來。歷二千年。而學說之進步僅僅也。然如梨洲東原理初諸家。則已漸脫有宋以來理學之羈絆。是殆爲自由思想之先聲。邇者名數質力之學。習者漸多。思想自由。言論自由。業爲朝野所公認。而西洋學說。亦以漸輸入。然則吾國之倫理學界。其將由是而發展其新思想也。蓋無疑也。